RAFAEL CUADI

¡DESPIDE A TU PATRÓN!

**RENUNCIA A TU EMPLEO,
CONSTRUYE UN NEGOCIO EN INTERNET
Y DISFRUTA DE LA LIBERTAD SOÑADA.**

RafaCuadras.com

ÍNDICE

DEDICATORIA

Le dedico este libro a todos los que dudaron abiertamente de mi.

Gracias, por hacerme enfrentar la crítica y superarla.

Gracias, por acercarme a mis peores miedos.

Quizá no se dieron cuenta, pero me impulsaron a llegar lejos.

Gracias totales.

PRÓLOGO

Te doy la bienvenida a uno de los libros que más te interesa leer, porque tiene el potencial para cambiar tu futuro.

Para que algo de lo que aprendas o leas aquí, te inspire lo suficiente para cambiar el rumbo de tu vida, incluso, la de tu familia.

Este es uno de esos libros que te retan a pensar diferente.

A visualizar tu futuro de una manera distinta a la que has tenido durante toda tu vida.

Es un privilegio poder redactar esta compilación de conocimientos acerca de algo que inicialmente se me hacía extremadamente complicado.

Al principio, ganar dinero en internet parecía una hazaña inalcanzable.

Creía que solo los gigantes de la tecnología como Bill Gates y Steve Jobs eran capaces de acumular riquezas por estos medios.

Pero al adentrarme en este mundo descubrí que personas comunes, "sin habilidades extraordinarias", estaban disfrutando de un estilo de vida inigualable, gracias a los frutos que cosechaban de sus esfuerzos digitales.

Para ellos el internet se había convertido en una herramienta que les generaba ingresos en automático, ¡Su propio cajero electrónico!. Podían cumplir sus sueños y tener un ingreso digital trabajando para ellos.

¡Dormían y despertaban con más dinero en su cuenta!

¡Oh! qué increíble el momento cuando descubrí esos hechos.

Habían dominado la tecnología a su favor. Habían tomado la ventaja. Quedé anonadado.

Eso se convirtió en mi obsesión y ha sido la mejor inversión de energía y tiempo que he realizado hasta la fecha.

Este libro es una versión con puntos básicos, para aquella persona que busca cambiar radicalmente su vida.

Es un plan para principiantes y describe a fondo todo lo que necesitas para sobresalir en el mundo digital.

He incluido muchos temas de los que nunca antes había hablado en público. Nunca pensé compartir algunos de los "secretos" que me han ayudado en mis proyectos, pero no puedo continuar manteniéndolos ocultos.

Algunos capítulos han sido redactados como tutoriales y otros son casos reales de empresarios latinos. Todos los capítulos te servirán como inspiración y punto de partida para tu aventura hacia la libertad de tiempo y movilidad financiera.

Sinceramente hay joyas en forma de palabras en varias páginas de este libro.

Conforme vayas avanzando en la lectura, irás encontrando un tesoro.

Irás despertando a conocimientos que harán que tu vida y la vida de tu familia tome un rumbo diferente.

Si necesitas apoyo para complementar lo que vas aprendiendo en este libro, visita mi sitio rafacuadras.com para encontrar miles de recursos gratuitos que han sido preparados para apoyarte cuando decidas emprender.

O si lo deseas, contactame en mi sitio, para contarme tu caso de éxito o tu proyecto, será un gusto leerte.

Sin más, te deseo mucho éxito.

CAPITULO I

¿POR QUÉ DEBES DESPEDIR A TU PATRÓN?

¿QUÉ HAY TRAS BAMBALINAS DE ESTA OBRA MAESTRA DISEÑADA EN CONTRA DEL EMPLEADO COMÚN?

Tu tiempo es limitado, de modo que no lo malgastes viviendo la vida de alguien más. No te quedes atrapado en el dogma, que es vivir como otros piensan que deberías vivir. No dejes que el ruido de las opiniones de los demás, silencien tu voz interior. Y lo más importante, ten el coraje para hacer lo que te dicen tu corazón y tu intuición."

- Steve Jobs, Innovador

Por siglos hemos sido educados con la fiel convicción de que para ser realmente productivos, debemos trabajar bajo un régimen de ocho horas diarias.

Es decir, cuarenta horas semanales, con un descanso de una hora diaria para almorzar y dos días al finalizar la semana laboral. Disfrutamos realmente muy poco de nuestras vidas y el escaso tiempo libre que nos queda es invertido en labores cotidianas que sin duda no disfrutamos.

Atendemos nuestras casas, organizamos todo lo que haremos la semana entrante, cocinamos, lavamos la ropa, cosas que son rutina ¿Y a quién le gustan las rutinas?.

Y así va quedando muy poco tiempo de esparcimiento y relajación, en las vacaciones seguramente se te pasa el tiempo volando y solo tienes unos cuantos días al año para poder "disfrutar" de un merecido descanso, pero verdaderamente lo anhelas tanto que esos días se convierten en minutos y no disfrutas de ese poco tiempo que crees que te has ganado por todo ese esfuerzo.

Es así como tu trabajo se convierte en una rutina y dejas de disfrutar lo que haces, y solamente lo haces porque es lo que debes hacer para sobrevivir, en vez de vivir para disfrutar. Poco a poco tu vida se torna en algo que no quieres, algo que en realidad no aprecias pero que no tienes opción porque estás atrapado.

Es como estar en una cárcel, con una condena perpetua que nunca pensaste tener. ¿te suena a una historia conocida? Si es así, es momento de comenzar a cambiarla.

Ahora bien, seguramente has escuchado que muchas personas han dejado su trabajo convencional, ahora trabajan con un estilo completamente diferente al que conoces y teniendo una fuente de ingresos que sustentan esos estilos de vida.

Yo aprendí de una de esas personas y experimenté un momento de claridad, que fue un arranque que puso en riesgo toda mi estabilidad y mi paz.

El 15 de Enero del 2017 empaqué mis pertenencias en mi oficina en San Francisco, California e hice lo que nunca pensé que haría. Renuncié a mi empleo para el departamento de análisis financiero del gobierno federal, con un salario anual de $80,000 dólares y un gran paquete de beneficios para mi pensión y aseguranza medica.

En ese momento me uní a una comunidad de millares de personas que viven de lo que generan por medio de internet y cuentan con una libertad de movilidad y tiempo, algo que nunca había experimentado en mi vida.

Estas personas viajan por el mundo, disfrutan de ellos mismos, de sus familias y mascotas, tienen tiempo de sobra para hacer lo que siempre soñaron, lo mejor de todo esto es que no descuidan lo que les genera ingresos y viven experiencias increíbles.

Parece algo bastante ficticio pero no lo es. La vida de un Diginauta está siendo puesta en práctica por personas en todas partes del mundo. Ahora bien, para que esto tenga más sentido, hablemos un poco de cómo era el mundo de antes...

En el siglo XVIII, el Rey de Prusia, introdujo en la sociedad lo que hoy en día conocemos como modelo prusiano, el cual se basa en enseñar a leer y a escribir a niños de manera gratuita. Él lo vio como la posibilidad de darle a su pueblo una ventaja sobre otros al saber leer y escribir, algo que en esa época no era tan sencillo como lo es ahora.

Casi 100% de la gente con educación eran familias reales, con gran poder sobre un imperio. Para muchos este nuevo modelo significó una oportunidad de desarrollo increíble, pero en realidad se convertiría en un empoderamiento por parte de la corona, al tener control sobre el tiempo y el futuro de muchos de sus súbditos.

Esto aparentaba ser una gran labor social, pero en realidad el sistema comenzó a producir trabajadores listos y acostumbrados a sacrificar su tiempo y su vida a cambio de migajas (Sí, leíste bien, migajas. Más adelante comprenderás porqué).

El rey quería enseñarlos a que se convirtieran en "personas de bien" y que sirvieran de una u otra forma a su reinado, este modelo no era tan explícito en lo que quería hacer, pero si daba a entender que las personas se despertarían temprano y estudiarían por lapsos de entre cuatro y cinco horas diarias sin descanso alguno.

Estos se regían por un jefe o maestro sabiendo que este era su máxima autoridad dentro de la escuela. Conociendo sus funciones en la escuela, poco a poco el pueblo fue desarrollándose de una manera impensable.

Los niños tenían mucha más disciplina, sabían cosas que antes no. Los padres también se desarrollaron en otras áreas que desconocían y se convirtieron en un pueblo realmente letrado. Letrado pero atrapado en un sistema que no se enfoca en disfrutar de su vida, sino en ser productivo para el imperio.

Y así fue como este modelo fue propagándose poco a poco entre los pueblos más cercanos. Sus gobernantes se dieron cuenta que el modelo en realidad sí funcionaba y que ayudaba al desarrollo de las personas pero aún más al control de sus reinados.

Ante el público, era un modelo que buscaba el beneficio colectivo que rindiera frutos a toda la comunidad, porque formaba individuos desde su primaria hasta la universidad, cuando en realidad, el propósito era ejercer mayor control sobre los ciudadanos. El objetivo de las conductas que aprendían, como la responsabilidad y el respeto, era que iban a pasar a formar parte de sus trabajos y sus vidas una vez terminada su educación.

Por supuesto, es interesante analizar cómo este rey fue viendo a su pueblo desde un punto de vista valioso, ya no eran simples personas que debían trabajar subordinados ante algo o alguien, sino que, se convirtieron poco a poco en personas realmente útiles dentro de su sociedad y que aportaron innumerables descubrimientos dentro de la misma.

Estos iban a ser individuos "moldeados" bajo unos parámetros ya pre-escritos, para ser más claros, decimos que iban a ser moldeados, porque bajo su régimen y premisa todos iban a ser personas altamente inteligentes y educados pero iban a seguir una línea que ya viene predefinida en este modelo educativo.

El rey sabía que iba a recibir estos resultados y por ello se esforzó para que cada uno de ellos aprendieran este método.

Este sistema tenía un fin productivo para la rentabilidad de las empresas, estaba diseñado para sacarle algún tipo de provecho a los empleados y no necesariamente para que fueran felices.

Es bastante parecido a lo que seguramente has vivido hasta ahora en tus sitios de empleo convencionales, no hay motivaciones personales más allá del beneficio que como empleado le brindes a la empresa u organización.

Claro está, este no es el caso de todas las personas, pero si el común denominador cuando hablamos de empleos convencionales como los que tú has tenido hasta ahora, donde trabajas mínimo ocho horas diarias y el único beneficio es un sueldo base al final de tu "cuota de trabajo semanal".

Poco a poco fuimos creyendo en esta gran mentira. Algo que no era bueno pero que tuvimos que adoptar porque así nos fueron programando. Lo introdujeron como una especie de programa en nuestro chip cerebral.

Es así como hasta el día de hoy, nadie piensa que está mal que en las escuelas siguen agrupando niños entre el mismo rango de edades, los cuales vuelcan sus pupitres hacia una misma dirección y creen absolutamente todo lo que un profesor les imparte, por ser "el especialista del tema", pero no los incentiva a buscar más allá de lo que se les explica, y esto es una especie de círculo vicioso que sucede en millones de escuelas a nivel mundial.

Lo triste es que este sistema no nos deja ir con facilidad. Ya después de que nos graduamos de la universidad vamos a nuestros trabajos a continuar con lo que nos han inculcado durante años.

No podemos trabajar menos de esas horas porque vamos a ser personas improductivas y no queremos que nadie nos vea o tilde de esta manera, debemos estar en una oficina o empresa porque trabajar desde otro sitio no es común dentro de la sociedad.

Peor aún, debemos trabajar más que otros para que así nuestro jefe nos vea como un buen empleado y no nos sintamos amenazados en ningún momento.

La programación fue algo que sucedió con el paso de los años y fue convirtiéndose en nuestro día a día, así que evita sentirte culpable. Nuestros padres se educaron bajo este modelo y obviamente nosotros también debíamos ser educados de tal manera.

Al pasar el tiempo, este sistema nos fue arropando y se volvió algo más fuerte que nosotros mismos. Este sistema no se detiene, nos cuesta decir basta, nuestros días de trabajo comienzan a las 7:00 de la mañana y terminan, como mínimo, a las 4:00 de la tarde. Tenemos descansos y hay lunch a mitad de nuestros días laborales, nos da lugar para respirar, pero es solo una hora la que tenemos para tomar el almuerzo y regresar a nuestros puestos de trabajo.

Es así como el ser humano se ha convertido en una especie de robot o títere que este sistema maneja a la perfección. Sabe cuándo aprovecharse y cuándo sacar hasta el último esfuerzo de nosotros sin darnos una mínima tregua.

Nunca habrá un respiro real porque hay que seguir hasta el final cumpliendo las metas que han sido estipuladas, de esa manera es como nos vamos cansando lentamente sin darnos cuenta o a veces aunque lo hagamos, creemos que no hay otra manera.

Yo te aseguro que puedes cambiar el paradigma de esta modalidad de trabajo. Tu cuentas con el potencial y con las habilidades necesarias para planear un gran escape. No se necesita experiencia ni un gran coeficiente. Puedes liberarte del sistema convencional de empleo y ser parte de los miles de humanos que no se rigen por estas reglas obsoletas.

Puedes romper esta estructura de ocho horas de trabajo diario y no te lo digo porque quiero que seas el pez que va en contra de la corriente, hay otras alternativas que son menos complicadas, el principal motivo es que sé que la corriente convencional no te va a llevar a un mejor lugar ni a un lugar feliz, esa corriente no ha mejorado la sociedad en años y no lo hará milagrosamente ahora.

¿Para qué seguir flotando por esa corriente que no te llevará a ningún lado? Sería muy ególatra pensar que tu podrías cambiar todo el sistema que ha arropado a millones de personas durante centenares de años, pero sí puedes cambiar tu propio sistema y navegar por tu propia corriente para ir a un sitio más placentero.

El sistema educativo es el primero que se está aproximando al cambio, ahora que se está comprendiendo que no todos aprenden ni captan la información de la misma manera. Se están dando cuenta que necesitan modificar lo que han estado haciendo hasta ahora.

Reconocemos que no todos somos iguales, respondemos a las cosas de maneras diferentes, algunos disfrutan estudiar en silencio, a otros les gusta el ambiente y movimiento que hay dentro de una biblioteca o un café y por supuesto, en el trabajo sucede exactamente lo mismo.

Hay algunos que les gusta más trabajar de noche, es cuando rinden mucho más y le sacan provecho a lo que hacen porque están más relajados y pueden pensar con claridad. Hay quienes prefieren trabajar dentro de un café, un restaurante, frente a una piscina o con los pies en la arena de alguna playa que visitan a menudo.

Cada quien desarrolla su manera de trabajar de acuerdo a sus capacidades. No podemos esperar que un mismo sistema donde convergen todas las personas que viven en este mundo funcione a la perfección para todos. Es sencillamente imposible.

Por eso cada quien debe desarrollar su propio sistema.

Cada uno tiene sus requisitos y necesidades que no van a ser satisfechas con un mismo modelo. Esto es algo que debemos tener realmente claro, un solo sistema jamás va a poder operar de manera efectiva y eficaz a todas las personas que laboran dentro de él.

Por ello existen diferentes tipos de modalidades de trabajo a las que se adapta cada persona, con sus diferentes características y con una amplia gama de posibilidades para lo que cada persona requiere.

El punto focal de mi argumento a través de este libro es que ya puedes trabajar unas cuantas horas desde cualquier lugar del mundo donde te sientas feliz. Entendemos que lo que se busca es la eficiencia, pero no es lo único que importa, sino tu bienestar emocional, físico y mental, es allí donde te debes enfocar.

Cada año que pasa, se sufren más condiciones depresivas a causa del ambiente laboral y creemos que todo esto se debe a que aún vivimos las consecuencias de este ambiente fallido de educación, ese sistema errado de educación en el cual nos hemos sumergido durante años y que la sociedad ha indicado como el correcto.

Seguramente todas estas cuestiones tienen que ver con una de las constantes que hemos identificado y que sabemos que es la que desata todo lo demás: vivir dentro de este sistema errado de educación y empleo.

¿Te has dado cuenta que el sueño de todo trabajador es poder retirarse? Tal vez, es el tuyo también, la pregunta es: ¿Por qué debe ser el objetivo final retirarnos de la actividad que hemos perfeccionado a lo largo de nuestras vidas?

Es como si el retiro fuese el destino final, donde nos sentiremos plenos y mientras trabajamos ocurre todo lo contrario. Es un encierro libre en el que no nos sentimos felices bajo ningún concepto, quizá siempre tenemos que cuestionarnos cuando veamos que estamos nadando en la misma dirección que la mayoría de las personas.

Te garantizo que el modelo de trabajo tradicional es el final de toda acción que fomente el poder alcanzar tus sueños y desarrollarte como persona. Es estar nadando en esa corriente que se encarga de que todos tus sueños se esfumen.

En el momento en el que pensemos más por nosotros mismos y nuestro bienestar, es cuando nos vamos a estar acercando a nuestro verdadero destino y cuando veremos realmente los frutos de nuestro esfuerzo. Te invito formalmente a que descubras cómo hacerlo, que rompas con todos los esquemas y alcances tus objetivos.

Los locos del mundo son los que realmente alcanzan grandes cosas.

El ciudadano promedio, es simplemente eso y por eso siempre permanecerá en el promedio. Aléjate de un sistema prusiano, porque funcionó hace mucho tiempo pero ya no lo hace.

Sé testigo de cómo la tecnología cambia todo aquello que consideramos normal incluyendo el estilo de vida que diseñas por ti mismo.

Sé testigo de cómo puedes convertirte en un Diginauta y ser parte del grupo de miles de personas que ya navegamos por nuestra propia corriente digital.

DESDE SU DORMITORIO, HACIA TODO EL MUNDO.

ANDRÉS BARRETO

Hay una trampa en la que caemos la mayoría de nosotros, cuando creemos que los grandes proyectos o empresas nacieron de ideas de genios, que a su vez tenían extensos conocimientos sobre un tema determinado o tenían el capital suficiente para emprender.

Hay unas frases que he escuchado tantas veces, inclusive, llegué a repetirlas al iniciar como empresario, veamos si te resultan familiares: "Si tan solo tuviera el dinero que tiene Paco, ya hubiera sido exitoso" o "El dinero hace más dinero y como no cuento con capital suficiente, no puedo encontrar el éxito"

Otra percepción común, es que la mayoría de empresarios más exitosos son personas con una edad promedio entre 30 y 45 años de edad. Erróneamente la idea es que la edad equivale a la experiencia y el tiempo necesario para fracasar y luego tener éxito, sin embargo, existen excepciones.

Hay jóvenes que sin duda alguna han alcanzado el éxito como diginautas, que no cumplen con los criterios de edad popular y han conseguido entrar al salón de los grandes empresarios usando el plano digital.

Como lo iremos analizando a lo largo de todos los capítulos del libro, lo que necesitas para emprender, es realmente tener las ganas y estar enamorado de lo que haces, sin eso, no podras tener absolutamente nada y el factor no es ni será tu edad o condición económica, pero ayudará a que quienes estén a tu alrededor, se enamoren de tu proyecto y puedas ponerlo a andar.

Andrés Barreto siempre soñó con ser un empresario exitoso, sabía que su verdadera vocación estaba en formar su propio negocio y cumplir los sueños que se había trazado desde niño.

Con tan solo 18 años de edad, fundó su primera empresa. El ha contado que no sabía ni siquiera abrir una cuenta de banco, pero había identificado un área de oportunidad.

El colombiano aprendió todo sobre negocios y la creación de empresas digitales. Sus fuentes de información fueron Wikipedia y blogs relacionados al ramo, los cuales le ayudaron a pulir su idea.

El hecho de escuchar música en streaming había causado que a él y a sus amigos cofundadores de la marca, les surgiera el interés suficiente como para emprender un proyecto que revolucionará la industria por completo.

La empresa que Andrés y sus amigos fundarían después, se conocería como Grooveshark. Grooveshark fue fundada con la idea de proporcionarle una plataforma web práctica a todos aquellos que quisieran compartir, descargar y escuchar música. En esencia, lo que Andrés y sus amigos diseñaron fue el precursor a todas las aplicaciones actuales de "music-on-demand" como Spotify, Pandora, Apple Music y Amazon Music.

No fue fácil haber dicho no a la ingeniería y dedicarle un intenso enfoque a su proyecto, Andrés tuvo que renunciar a la universidad para poder convertirse en el hombre exitoso que es el día de hoy.

Siendo parte de una familia con tradiciones colombianas, no fue bien visto por sus padres haber tomado esa decisión, pero poco a poco se fue encaminando hacia lo que era un verdadero éxito.

Andrés Barreto es un perfecto ejemplo de cómo puedes sobresalir aunque seas joven al momento de convertirte en un diginauta. Inclusive siendo estudiante puedes empezar tu vida como diginauta. Mark Zuckerberg, fundador de Facebook, es otro claro ejemplo de alguien que dio inicio a un imperio digital desde su cuarto en una residencia universitaria.

Al día de hoy, Andrés ha co-fundado siete empresas en el ramo de la tecnología. Teniendo en cuenta su corta edad, el empuje emprendedor ha hecho de Andrés un latinoamericano reconocido en el mundo.

Andrés, además de ver a sus empresas como fuente de generación de ingresos, busca en toda Latinoamérica ideas que requieran de inversión para apoyar y convertirlas en realidad.

Desde Socialatom Ventures, su empresa más fuerte, observa muy de cerca a miles de emprendedores que puedan tener proyectos de crecimiento exponencial de productos o servicios para venta en Estados Unidos pero afianzándose a la mano de obra en Latinoamérica.

Él ayuda a otros diginautas al momento de darle forma a sus empresas, contratando mano de obra latinoamericana que trabaje de una forma más rápida y eficiente de lo que lo pueden hacer en Estados Unidos.

El fondo de inversión de capital, no solamente ofrece recursos económicos para que estas ideas tomen forma, sino también, brindan la opción de asesorías personalizadas para adiestrar líderes a que formen otros líderes.

Casi todos los programas ofrecidos dentro de la empresa son para empresas colombianas, principalmente porque sus fundadores son Latinoamericanos, pero no se limitan a este país y dentro de su cartera de empresas existen ideas de todo el mundo.

Andrés no mantiene oculto su conocimiento, también recorre importantes ciudades del mundo dando conferencias que sirven de herramientas para que emprendedores de todos los ramos puedan poner en marcha su negocio soñado.

Les brinda un abanico de opciones tan importantes para resolver obstáculos comunes, de aquí deriva el apodo que le ha acreditado como "el Mark Zuckerberg de América Latina."

Su experiencia y talento se ve reflejado en cada idea que toca, cada emprendimiento que Andrés pone en funcionamiento, se convierte en un verdadero éxito, lo que sin duda habla por sí solo de este joven.

Construir este imperio no fue del todo sencillo, en la universidad se dio cuenta que no iba a ser bueno para la ingeniería. Reprobaba casi todas las asignaturas que estaba cursando, no era nada bueno para las matemáticas y mucho menos la química. Pero algo que siempre le interesó y que aprendió muy rápido fue la programación.

Con el afán de poner en uso sus conocimientos, Andrés construyó un sitio colaborativo donde sus compañeros de clases podían subir sus trabajos, tareas y apuntes con el fin de compartir los conocimientos, para que así fuese más sencillo a la hora de estudiar.

Todo lo que él sabía de programación, lo había aprendido por sí mismo, nunca había estudiado formalmente. Así fue como construyó este sitio que le sirvió para darse cuenta que esos conocimientos, por pocos que fueran, tuvieron una inmensa utilidad al momento de buscar soluciones a problemas comunes.

En la universidad fue donde conoció a los cofundadores de Grooveshark, los cuales buscaban algo tan sencillo como resolver sus problemas para poder escuchar música en línea sin inconvenientes.

Un producto exitoso, siempre surge al descubrir una solución sencilla ante una situación que le esté sucediendo a una gran parte de la población. La mayoría de la gente escucha música frecuentemente, así que haber diseñado un producto que facilita el acceso a una gran variedad de artistas y canciones fue lo que convirtió a Grooveshark en una empresa exitosa.

Andrés siempre comenta que el marketing, las finanzas, la contaduría y otros conocimientos clave se aprenden durante la práctica, nadie puede estudiar lo suficiente como para desempeñarse en eso a la perfección, sino que es el mismo ensayo y error lo que marca el crecimiento y por eso se apasionó en seguir sus instintos (en vez de los libros) en los negocios.

Sabía que si algo salía mal, debería reestructurarse y si salía bien, era porque realmente estaba haciendo lo correcto, una estrategia bastante atinada, sin miedo al fracaso.

En todos los capítulos del libro voy a recordarte que no debes tener miedo al fracaso, que aunque está latente esa posibilidad, tus ganas de ser exitoso deben ser mayores que las de fracasar.

Si no fracasas, no aprendes.

Al crear su primera empresa, Grooveshark, Andrés y sus amigos querían resolver sus propios problemas. Al corto tiempo, se dieron cuenta que muchas personas también tenían esta necesidad, querían hacer lo mismo y fue allí cuando el negocio tomó auge, llegando a más de 35 millones de usuarios registrados.

Ninguno de ellos imaginó un éxito casi inmediato, se dieron cuenta del potencial después de que había explotado el crecimiento. La estrategia es fundamentalmente sencilla, buscaron resolver un problema que era propio y que poco a poco se convirtió en interés colectivo, ganando terreno en el mercado digital de una manera impresionante.

Andrés explica que el éxito de una buena idea radica en tres cosas importantes. Voy a desarrollar cada una de manera breve.

Primero que nada, contar con un equipo realmente apasionado, que no tenga miedo a probar cosas nuevas, que estén dispuestos a intentar y volver a hacer pruebas cuantas veces sea necesario, esa es una parte esencial.

Las ideas existen a montones, pero un equipo que trabaje de manera coordinada y que siempre conserve la motivación es mucho más difícil de encontrar.

Lo segundo que Andrés considera crucial para que una idea sea exitosa, es iniciar solucionando un problema personal.

Al convertirte en tu primer cliente tendrás las bases para analizar si esa idea va a funcionar o no, debes ser crítico de lo que haces y allí tendrás el éxito asegurado.

Y lo tercero y más importante, es que el producto o servicio tenga un MVP antes de ser presentado a las masas.

MVP quiere decir Minimum Viable Product, lo cual significa Producto Viable Mínimo (traducido literalmente). Este concepto forma parte de la metodología "The Lean Startup", la cual fue popularizada en Silicon Valley y entre las grandes startups mundiales por su autor Eric Ries.

Un MVP es la versión más básica de un producto que puede ser lanzada al público en cuestión de semanas para estudiar cómo reacciona el mercado a la oferta. No importa lo sencillo o simple que sea, pero ese MVP debe estar y debe servir como termómetro para medir qué tanta demanda puede haber para un producto, de esa manera se lograrán identificar áreas en las que pueden mejorar las características del producto.

Si recibes muchas reacciones negativas quizá sea necesario hacer algunos cambios hasta que la mayor parte de las reacciones sean positivas. La gran mayoría de las predicciones suelen resultar equivocadas hasta el momento en que el público objetivo empieza a interactuar con el producto. De esta manera podrás ahorrarte mucho dinero en publicidad y muchos dolores de cabeza.

Este emprendedor siempre ha creído en que no es importante tener una excelente idea, sino tener un equipo que sea altamente creativo y capaz de hacer bien las cosas.

Siempre apostar por lo más alto así se vea como imposible, recuerda que el límite en las cosas las colocas tú y en un emprendimiento jamás debe existir un límite.

No te estoy hablando de dinero, hablo de cuando se deja de ser creativo, visionario y soñador. El que continuamente alimentes tu apuesta a lo positivo, será la base de tu éxito.

Después de tener dominada la parte del soñar en grande, contar con un equipo y tener bien definida la idea del proyecto, debes actuar como Andrés, ponte en marcha sin pensar mucho el tiempo que te va a llevar o lo que va a acarrear, puede que allí esté tu clave, en lo rápido que decidas poner en el mercado lo que planeaste.

Andrés es un emprendedor que cree firmemente en lo que se hace en Latinoamérica, y no por una situación económica o por una situación geográfica, sino por la calidad con que las personas hacen las cosas y lo apasionados que son a la hora de trabajar en ello.

Por eso te imploro que si tienes una idea es hora de ponerla en marcha, seguramente alguien más tiene la misma necesidad que tú y quiera invertir en ello.

Al estar presente en internet tienes acceso a un mercado financiero global y monetizando en moneda extranjera podrás tener la libertad de hacer cosas realmente increíbles, no pienses que es imposible, piensa en que otros lo hacen y tú también puedes hacerlo.

Imagínate operar desde cualquier país de Latinoamérica y tener ingresos en dólares o euros. Podrás realizar maravillas porque tu gasto en mano de obra será menor, tus ingresos serán mayores y por ende, las ganancias aumentarán.

Andrés explica que monetizar en el mundo digital es muy sencillo, solo hace falta estar en el mismo lado del proveedor de muchos servicios que ya consumimos.

Pagamos mensualidades para tener acceso a video y audio, por descargar información que consideramos valiosa y compramos artículos por internet. Esto hacemos como usuarios diariamente y quizá no lo vemos, pero estamos generando ingresos a otros, sin darte cuenta estás dejando pasar una oportunidad increíble de negocio.

Me gustaría que tomaras el caso de éxito de Andrés como una inspiración a seguir, investiga los nichos del mercado a los cuales perteneces, identifica las necesidades y atácalos con productos o servicios creativos.

Recuerda que al igual que tú tienes esta necesidad, hay muchos otros que también la tienen, porque son un grupo que conforman un nicho, aterriza tu idea y rodéate de personas brillantes, nada mejor que eso para poder hacer de tu emprendimiento algo increíble.

CAPITULO II

GENERA INGRESOS EN DÓLARES, GASTA EN TU MONEDA LOCAL

LA IMPORTANCIA DE IR MÁS ALLÁ DE LAS FRONTERAS MENTALES.

Muchas personas piensan que para generar ingresos en moneda extranjera sólo puede lograrse desde un país distinto al de ellos, es decir, que la única salida para tener mejores ganancias debe ser migrar más allá de sus fronteras. Este esquema se ha ido rompiendo desde hace unos años gracias al internet.

Si bien, antes con las tecnologías rudimentarias que se tenían sólo podíamos establecer conexiones vía telefónica y así planear entrevistas con una corporación transnacional o alguna internacional, para después ser contratados en un país lejano, objetivo que nos llevaría a una meta laboral mayor pero debíamos dejar todo y cambiar nuestra manera de vivir e irnos a otro país, era muy complicado, ¿no? hoy en día las cosas han cambiado.

Con la llegada del internet y todas las herramientas que han sido creadas para emprender un negocio, todo fue evolucionando y cambiaron ciertas cosas, las distancias se fueron acortando, ya tenemos videollamadas con personas al otro lado del mundo en tiempo real, envíos de dinero instantáneos, los viajes de negocios ya no se hacen con tanta frecuencia, gracias a que, mediante estas conexiones se tiene todo a la orden del día.

Es así como el acceso a mercados digitales por personas "comunes" también fue evolucionando y con el paso de los años muchos han ido dejando sus puestos de trabajo convencionales poco a poco y los han cambiado por casas de campo, parques, restaurantes, cafés, y sitios para vacacionar.

Y es ahí donde el trabajo remoto ha ganado terreno, haciéndose cada vez más fuerte y sin duda una nueva modalidad que llegó para quedarse, este tipo de trabajo no solamente busca que generes ingresos en tu moneda local, va más allá de eso. ¿Por qué pasa esto? Porque puedes entablar relaciones con personas que necesitan tus servicios o productos en otros países y a los que la mano de obra en dichos países les cuesta mucho más que pagarte a ti a distancia.

Veámoslo de esta manera, al emplearse de manera remota no hay una ley que regule un sueldo base o unos beneficios establecidos, a diferencia de las leyes laborales de los diferentes países cuando tienes un empleado de manera presencial, al mismo tiempo, se están ahorrando costos en arrendamientos de oficinas y evitando riesgos laborales que pueden incrementar los costos para las empresas.

Imagínate ahora, generando ingresos en moneda extranjera desde tu ciudad, sin dejar tu hogar y transitar por las mismas calles a diario, algo que parece fuera de lo común, pero que muchas personas ya están haciendo, porque existe un mundo digital esperándote.

Hay miles de necesidades que requieren satisfacerse y que tú puedes satisfacer en cualquier momento, podría ser en Francia, Alemania, China, Rusia, Estados Unidos o en algún país que te interese conocer, a tan solo un clic, teniendo conexión a internet y un conjunto de habilidades que son sencillas de aprender, estarás en esta posición para llevar a cabo tus proyectos sin problemas.

Por ejemplo, puedes ofrecer tus servicios de diferentes maneras en la web, puedes estar en cualquier país de Latinoamérica y conseguir clientes en Estados Unidos, lo que hará que tus ingresos incrementen notoriamente, tus ganancias serán en dólares pero seguirás teniendo tus gastos en la moneda local, cambiando tu calidad de vida completamente, puesto que estarás ganando por encima del salario promedio, haciendo de esta experiencia algo único.

Muchos sueñan con perseguir el glorioso "sueño americano", en Latinoamérica se habla mucho de cruzar ilegalmente a los Estados Unidos, pero pocos saben lo que realmente ocurre viviendo al otro lado de la frontera, si bien tendrás un empleo que genere dólares estarás gastando en esta misma moneda.

Pero si ganaras en dólares estando en un país donde esa moneda tiene mucho más valor podrás cumplir diferentes sueños sin ser un esclavo del trabajo.

Una realidad es que las ciudades de México que están cerca del territorio americano están repletas de latinos que persiguen el mismo sueño, lo que hace que la oferta de empleos y calidad de vida disminuya; estos latinos y latinas, en su mayoría buscan poder mejorar su calidad de vida y las de sus familiares, que en muchos casos han tenido que dejar atrás en sus pueblos para poder embarcarse en esta aventura tortuosa, muchos de ellos trabajan largas horas al día para poder tener un ingreso que los ayude a ellos y a su vez, a sus familiares.

Muchos son los países de Latinoamérica que han entrado en crisis económica o social y sus habitantes ven como única salida la migración, pero no saben que más allá de eso existe una luz a final del túnel y lo mejor es que no tienen que dejar sus hogares para ello.

En muchas ocasiones se ve como familias completas se separan para buscar un mejor sustento en otros países, gastan todos sus ahorros e incluso venden sus bienes para poder costear un viaje y buscar otros horizontes, pero al llegar a sus destinos no les va tan bien como pensaban y deben regresar a su país de origen. En la frontera vemos esto a diario.

Yo crecí en la ciudad de Tijuana, en el estado de Baja California que colinda con los Estados Unidos y que es la frontera más transitada en el mundo, he visto migrantes de todas partes del continente llegar para intentar cruzar al territorio americano con la fiel convicción de cumplir ese sueño que tanto anhelan.

Algunos lo logran. Muchos otros se quedan en el camino, viven con el pensamiento de lo que pudo haber sido su vida en "Los United", lo ven como algo divino, algo que no es de este mundo terrenal y la realidad es completamente diferente a lo que se vende en películas o se escucha en algunos relatos.

No es sencillo llegar al otro lado y no saber qué hacer, muchas personas te cierran las puertas por el sólo hecho de ser hispano(a), no todos corren con la suerte de encontrar un trabajo y poder establecerse, la deportación es uno de los sabores más amargos que se pueden probar estando en el territorio americano, pero es una posibilidad latente al momento de lograr cruzar de manera ilegal.

Con esto no te quiero desanimar, más bien, hacerte ver que puedes lograr cosas grandes desde la ciudad donde te encuentras actualmente. Sólo necesitas ingenio, astucia y determinación para lograr esto que te imaginas y lo mejor de todo es que no vas arriesgar tu integridad física ni moral.

No te culpo si sientes que puedes alcanzar el sueño americano que te presentan con regularidad en las películas de Hollywood, porque no es tu culpa, siempre hemos visto que se puede alcanzar una mejor calidad de vida de una manera muy sencilla.

Los medios y algún conocido pueden contarte que con esfuerzo y sacrificio la migración es un logro, pero el intentar cruzar de manera ilegal te puede costar más que eso, muchas personas pierden sus vidas a diario nadando por el Río Bravo o cruzando el desierto, cuando se sienten encerrados, buscan este recurso que es el más peligroso.

Esto es consecuencia de la desesperación que pueden llegar a vivir algunas personas al no lograr eso que tanto anhelan o que se les presentó de una manera ficticia.

Por ello, Tijuana tiene la mayor población de deportados en todo el continente americano.

Las conversaciones que se mantienen actualmente sobre la migración en los Estados Unidos sostienen la premisa de deportar a los latinos que llegan hasta el territorio americano, así hayan llegado legalmente o ilegalmente, porque estos van a ocupar empleos que pueden ser necesitados por nativos nacionales.

Bajo este pensamiento, la migración va disminuyendo la oportunidad para que los ciudadanos americanos progresen en su país de origen, un juego de xenofobia que no está exento a la crítica diaria, se ha convertido en un discurso común en este país.

Muchos otros piensan que los latinos están llegando a Estados Unidos y quedándose con recursos que suministra el gobierno y que estos beneficios deberían ser en primera instancia para las personas con nacionalidad estadounidense, este argumento se disfraza como un acto de sobrevivencia, algo que va más allá del ser un patriota, es una mezcla entre xenofobia y egoísmo, debido a que la mayoría de las personas que llegan en busca del sueño americano lo hacen porque la situación del país donde vivían los ha llevado a tomar este tipo de decisiones.

En el año 2016, tras la candidatura del Presidente de los Estados Unidos, Donald Trump, comenzaron los debates presidenciales. Trump decidió ir encendiendo una mecha anti migratoria que se ha ido quemando poco a poco con pólvora, que contiene resentimiento hacia el pueblo de habla hispana y que toca las fibras sensibles de muchos que no se sienten cómodos con la presencia de latinos en Estados Unidos.

La fobia anti migratoria no es algo nuevo, esto ya se venía gestando con el paso de los años y el Presidente Trump sólo volvió a encender la mecha para que su popularidad tomara auge; de allí vinieron muchas otras cosas, se ha visto cómo la sociedad latina, que antes vivía de manera normal dentro de territorio norteamericano, fue acosada de una manera impresionante.

Muchos visados y naturalizados tuvieron que retirar a sus hijos de colegios sólo por el hecho de hablar español, otros fueron deportados de manera inmediata en redadas sin explicación, algo que nunca imaginaron, llevaban ya años entre las filas de ciudadanos estadounidenses y por el simple hecho de medidas y conversaciones anti-migratorias, les fue arrebatado el sueño que persiguieron durante años.

Es muy duro ver como cientos de personas fueron repatriados a sus países de origen, pero esto les dio un cierto toque de ánimo para continuar cada vez con más fuerza, fuerza que ha sido característica principal del latino, comenzando de cero pero con la cara en alto, renaciendo de las cenizas y demostrando la fibra de la que están hechos, descubriendo cosas que no habían visto antes por el simple hecho de perseguir algo que no conocían y que sintieron muy de cerca.

Sin embargo, no todos necesitan pasar por la misma situación, incluso cuando se puede volver a comenzar de nuevo y salir adelante, también se puede tener una mejor calidad de vida sin tener que sacrificar tanto tiempo, dinero y esfuerzo.

Ahora, con el avance de la tecnología, ya no es necesario migrar a otros países en búsqueda de una mejor calidad de vida, el internet nos ha ido abriendo las puertas hacia un mundo completamente nuevo y generalmente desconocido.

Antes utilizábamos la web como herramienta para investigar sobre un tema en específico, hoy se han implementado métodos que unifican de una manera inimaginable lo que cada persona está haciendo desde su ordenador en cada esquina del planeta y eso es lo que te quiero comunicar en este capítulo.

Ya sabes que puedes conectarte con todo el mundo a través del internet sin la necesidad de viajar a kilómetros de distancia lejos de tu ciudad natal y lo más importante es que puedes generar ingresos para disfrutar del estilo de vida que tu elijas, hemos ido traspasando barreras que antes no podíamos, ningún muro que se construya entre Estados Unidos y el resto del continente podrá bloquearlo. Ningún océano que divida los continentes podrá detenerlo.

Ahora no es necesario "irte al gavacho" para poder generar ingresos en dólares. Tampoco necesitas viajar más allá de tus fronteras y poner tu vida en peligro por unos cuantos dólares o euros adicionales, con la llegada del internet puedes hacer cosas que nunca pensaste hacer y quiero que conozcas estos hechos.

Convertirte en un Diginauta es el plus que le darás a tu vida de ahora en adelante, nunca volverás a ser la misma persona, suena bastante tentador y podrás ir descubriendo cómo hacerlo poco a poco en los capítulos posteriores.

Estamos penetrando el mercado estadounidense y mundial estando en Tijuana, Baja California, México, no es necesario para nosotros visitar Estados Unidos constantemente para poder entablar relaciones con nuestros clientes, a través de la web podemos crear vínculos sólidos, esto es lo que hace sumamente especial este tipo de trabajo, es algo verdaderamente mágico que no se logra con el trabajo convencional.

Miles de diginautas a nivel mundial están llevando esta práctica, están trabajando de manera remota, sin atarse a una oficina y un horario tedioso, no tenemos una fórmula mágica para esto, pero de antemano te decimos que encontrar la fórmula perfecta para este estilo de vida no es tan complicado.

En este punto te estarás preguntando ¿Por qué es necesario conocer todo esto que me comenta Rafa? ¿Por qué te hago tanto énfasis en que ya no es necesario ir a Estados Unidos o a Europa para tener una mejor calidad de vida? ¿Cómo entras tú en este mapa internacional y cómo puedes sacarle provecho?

Antes de continuar me gustaría que analices si deseas continuar el camino que has estado transitando hasta ahora o si prefieres cambiarlo radicalmente.

No es una decisión sencilla, estoy consciente que estar bajo un régimen que te ofrece un sueldo fijo todos los meses es algo tentador y difícil de dejar.

Yo pase por esos mismos sentimientos. Y comprendo lo complicado que puede ser, por las siguientes razones;

El nuevo estilo de vida diginauta te sacará del confort que has tenido hasta ahora, pero no te preocupes por ahora, habrá tiempo para tomar una decisión más adelante, sólo recuerda, el tiempo es voraz y borra todo a su paso, no puedes dejar para otro día lo que puedes estar haciendo hoy y si estás leyendo este libro es porque quieres cambiar y tener una vida diferente, llena de mejores experiencias.

Por lo tanto, al terminar de leer este libro va a ser necesario que tomes una decisión importante, que estará enfocada en tu emprendimiento, ésto será la base de todo, de allí dependerán luego tus ingresos para abastecer la vida que tanto has querido tener, debes estar realmente conectado con lo que quieres hacer para no caer en el mismo círculo vicioso que has llevado hasta ahora, para que seas empleador y no empleado.

Ya luego que decidas en que quieres enfocarte todo será más sencillo, vas a tener una visión clara de cómo generar tus propios ingresos estando en casa pero lo importante de todo es que no te limites a la zona donde vives, puedes generar dólares desde el lugar en donde te encuentras actualmente leyendo este libro, no importa lo grande o pequeña que sea tu idea, debes materializarla y poco a poco surgirán nuevas ideas que van a ir enriqueciendo tu emprendimiento.

Pronto vas a conectarte con personas de otros países, lo que te dará esas ganancias en moneda extranjera y lo mejor de todo es que vas a estar gastando en tu moneda local, lo que muchos quieren, pero pocos han logrado.

Lo que necesitas ahora es dejar de pensar en chico, debes pensar de manera global y ampliando absolutamente todo, allí se van a abrir otras puertas que te llevarán a nuevos horizontes, en mi caso así fue, tuve ese empuje para conseguir lo que quería, es importante que veas que tendrás en tu poder la moneda del tiempo y la movilidad, estas monedas serán los recursos que te llevarán a donde desees.

Tener metas claras, la libertad de moverte a donde se te antoje, tiempo para ti y tu emprendimiento, será vital para que te desarrolles como diginauta, te darás cuenta de que de nada vale estar una vida entera esperando a que nos sucedan cosas sino realizamos acciones para que esas cosas sucedan.

La clave está en dejar de hacer el trabajo para otros y comenzar a hacerlo para ti mismo, eso es lo que me gustaría que logres, esa conexión con lo que quieres y lo que haces para lograrlo.

Te vas a ir llenando de motivación e inspiración que te impulsará a ver desde otra perspectiva el internet, ya no será ese sitio donde puedes sólo buscar información o publicar en redes sociales, sino que te vas a conectar con el mundo y con personas que están haciendo cosas increíbles a nivel mundial y que comenzaron como tú.

Indiscutiblemente vas a ver el mundo con otro par de lentes, lograrás lo que siempre has querido y tus ideas van a ser tomadas en cuenta, porque tú serás el que decida qué hacer y cuándo hacerlo.

Nunca pierdas la motivación, rodéate de personas que tengan el mismo norte que tú, que sueñen como tú sueñas y así llegarás a donde siempre has imaginado.

CAPITULO III

EJERCICIO #1: LA LISTA NEGRA DE LOS MIEDOS

LA VIDA CAMBIA CUANDO DESCUBRES QUE EL MIEDO PUEDE SER TU ALIADO.

> *La inacción engen*ra la *u*a y el mie*o. La acción genera confianza y coraje. Si quieres vencer el mie*o, no te sientes en casa y pienses en ello. Sal y ponte a trabajar."*

- Dale Carnegie. Empresario

Existen etapas de nuestras vidas en las cuales no nos sentimos del todo felices, ya sea por nuestro trabajo, el sitio donde nos encontremos y a veces hasta de las personas que nos rodean. Puede que te esté pasando ahora mismo y no te sientas feliz con lo que haces; esto pasa cuando nuestro empleo se convierte en una rutina, en ese horario de 9:00 a.m. a 5:00 p.m. (si bien nos va) que tanto nos ha costado cumplir.

En la mayoría de los casos, la frustración se presenta luego de caer en esa rutina y sentirte atrapado bajo esta anestesia que gentilmente presentan los sistemas comunes de empleo, que te ocultan realmente lo que pasa cuando eres tu propio jefe y puedes manejar tu tiempo y tu movilidad.

Los sistemas comunes de empleo no buscan que sus participantes construyan metas o sueños, más bien se enfocan en que los jefes construyan sus propias metas y sueños beneficiándose del tiempo de trabajo de sus empleados, haciendo que estos se agoten en una oficina de manera constante, cumpliendo un horario de trabajo que no fomenta en absoluto poder ser productivo ni creativo, logrando que las personas se estanquen en algo que no quieren.

Estos sistemas esconden el otro lado de la moneda, un modo de vida completamente diferente, cómodo y que te deja cumplir tus propias metas y no las de otros, un universo digital, donde los diginautas navegan libremente y han aprendido a generar ingresos propios por medio del internet.

Como ya lo hemos platicado antes, los diginautas desarrollan su vida a su ritmo y como siempre han querido, porque no tienen que invertir muchas horas al día, puesto que han asignado actividades a otras personas o simplemente cuentan con herramientas que están automatizando su trabajo.

¿Por qué existen muchos miedos a la hora de tomar la decisión de dejar un empleo fijo? ¿Por qué salirte de la norma? ¿Por qué arriesgar tu trabajo estable con un sueldo cada dos semanas?

En mi caso, también me costó trabajo tomar esta decisión, como se dice, un gran poder, conlleva una gran responsabilidad, ¿no? Porque iba a alcanzar mis sueños, pero con esto, venían muchas cosas que no son tan sencillas.

De una u otra forma debía generar suficiente trabajo por mi mismo, tambien concentrarme en conseguir clientes y conseguir esas metas que me había trazado.

Así que si nunca has experimentado el no tener jefes y trabajar desde cualquier parte del mundo, donde lo único que necesitas es una conexión a internet y de allí partes a conocer las comodidades que te brinda poder trabajar de esta manera, no podrás comprender del todo lo que te quiero comunicar este libro, pero te aseguro que tendrás muchas ganas de vivir esa experiencia.

Por eso que te invito a leerlo en su totalidad, para que comprendas este estilo de vida grandioso, como el que llevamos muchas personas en nuestro día a día en millones de ciudades alrededor del mundo y así puedas realmente decidir si trabajar por internet es realmente para ti y si tienes metas que cumplan con estos requisitos. Aunque no dudaría que es lo que realmente quieres, por algo estás leyéndome ahora mismo.

Apostaría a que ya quieres dejar ese estilo de vida arcaico y obsoleto y embarcarte a descubrir un estilo de vida diferente, que te deje generar ingresos y sobre todo puedas vivir experiencias únicas, no se me puede ocurrir otra razón, porque de seguro esta es la principal, vivir experiencias que te dejen algo en la vida, que marquen tu día a día y que disfrutes sin importar donde te encuentres.

Quizá ya sabes que se puede generar dinero por internet, hay muchas personas que lo hacen a nivel mundial, conoces personas que ya lo están haciendo, amigos de la infancia, familiares, ex compañeros de trabajo, pero aún no has podido terminar de encajar esa pieza que falta en el rompecabezas de la web 3.0 que nos abraza en el día a día, pero quizá tampoco te has dado a la tarea de buscar cómo puedes hacerlo, indagar e investigar cómo puedes generar ingresos por internet que te dejen llevar una vida completamente diferente a la que ya vives.

No te apresures ni te preocupes, en este libro vas a descubrir cómo hacerlo y juntos vamos a generar ideas que te servirán para emprender este viaje que tanto quieres, pero primero debes tener algo presente. Voy a mostrarte todas las posibilidades que puedes llevar a cabo en tu nueva vida digital pero es importante que seas tú el que tomes la decisión de cambiar el estilo de vida que ya llevas, te ayudaré a abrir la puerta pero de nada sirve que lo haga si no quieres entrar.

Necesito de tu disposición completa para llevarte al éxito que tanto sueñas, todo acompañado de las herramientas que necesitarás y que te voy a explicar con detenimiento, pero debes tomar la decisión de dejar de lado tu lugar convencional de trabajo, ese cubículo que tanto te agobia y que ves como un sitio sin salida.

En este punto es necesario tocar el tema del miedo y del temor. El miedo es algo natural del ser humano y si no lo abordamos en este libro estaríamos dejando una pieza fundamental fuera de la ecuación. ¿Por qué debemos hablar del miedo? ¿Por qué no dejarlo simplemente de lado y pasar a otro tema?

Sencillo, el miedo te paraliza, es el que no te deja actuar y te quedas en tu zona de confort. Es importante sentir miedo, pero es más importante dirigir ese miedo a nuestro favor, para tomar decisiones claves.

El miedo puede ser un factor que juega en tu contra a tal grado de que te paraliza y te ciega a tal punto que nunca ves oportunidades increíbles frente a ti y eso es lo que debes evitar.

Hay personas que no salen de sus ciudades de origen por el simple hecho de sentir miedo al viajar, conocer personas y adentrarse a nuevas culturas.

Esto no te puede suceder a ti, es lo último que quieres, en realidad deseas conocer nuevas personas, darte la oportunidad de transformarte en alguien diferente, de vivir una vida relajada, pensada especialmente para ti con el hecho de cumplir tus propósitos y metas.

Tengo que confesarte que al comenzar a diseñar la estructura para este libro, sentí mucho miedo, miedo a que la gente no se interesara en un tema como este, a que no les gustara lo que estaba escribiendo. De hecho, todos los días siento y enfrento miedos, miedos que se pueden dividir en reales y falsos. Al construir mi primera empresa, IVC Media Mexico, sentí mucho miedo, pero después me di cuenta que era un miedo falso.

Los miedos cotidianos, como a la muerte, a los carros que pasan por la calle, a envenenarse, o cualquier cosa que derive de esto, pero que sin duda son miedos sanos son los que aumentan el nivel de sobrevivencia y que gracias a ellos puedo hacer muchas cosas. Existen también los miedos falsos, como el tan conocido miedo a la oscuridad, que aún sabiendo que no hay nada detrás de algo oscuro da pavor entrar a una habitación sin luz o el miedo a la crítica que solo ocurre en tu cabeza. El miedo a emprender un negocio o una empresa es un miedo falso.

Es importante que no nos enfoquemos en el miedo, porque todos los negocios cuentan con un tipo de riesgo, un riesgo que si es real, es algo que puede pasar en cualquier proyecto y ese temor de que no todo marche como queremos o cómo lo planeamos, eso es lo que tomaremos como combustible para que nos impulse a seguir todos los días.

Vamos a dejar algo bien claro, los planes que tenemos en nuestras vidas, negocios, hogares, escuelas, etc., pueden fallar y no realizarse en cualquier momento, un cliente puede o no comprar nuestros productos, es una posibilidad.

Un negocio puede quedarse en el pasado, siendo obsoleto para su comunidad, podemos perder dinero en una inversión que nosotros veamos importante, alguien puede venir y robar nuestra idea, esa idea que tanto tiempo nos costó darle forma y materializar, podemos perder el inventario completo de nuestra empresa, nos pueden robar y miles de cosas más.

Pero por ello no podemos desfallecer, por este motivo no podemos perder el rumbo y dejar que el miedo de que eso suceda nuevamente nos lleve a nuestra zona de confort inicial y que no haya forma de que salgamos de ella.

Después de todas mis experiencias, he descubierto el antídoto a todos esos miedos y es el preguntarme ¿Cuál es el peor de los casos? ¿Qué es lo peor que me puede pasar?

Todos necesitamos vencer nuestros miedos y estos no están fuera de nosotros, por ello y aunque suena a frase motivacional, es la verdad, y es necesario que para que venzas tus miedos busques dentro de ti y respondas que es lo que realmente te atemoriza y que nunca ha dejado que logres lo que quieres lograr, eso que no te ha dejado que inicies lo que siempre has soñado, esto es sumamente importante y la respuesta está dentro de ti.

La vida es corta y no podemos perder el tiempo haciendo algo que no nos gusta o que hacemos simplemente porque nos da miedo atrevernos a llevar a cabo nuestras propias ideas. ¡Toma las riendas de tu vida! Enfrenta esos miedos y conviértelos en motivación para lograr tus propósitos.

¿Cómo logramos eso? Lo primero que debes hacer es identificar cuál es ese miedo que te paraliza, que te impide hacer lo que siempre has querido y visualizar los peores escenarios que deriven de ellos, por ejemplo, ¿Qué puede pasar si te quedas sin dinero?, ¿Qué harías, o qué pasaría si el día de mañana te quedas sin un lugar donde vivir, completamente solo en la calle?, ¿O si te quedas sin comida para ti y tu familia?, ¿Cómo reaccionarías y actuarías ante ello?.

Las respuestas a estas preguntas son escenarios que debes imaginarte para saber así cómo puedes reaccionar ante una situación difícil, son realmente ciertos y tienen algo en común, todos tienen solución y muchas veces no lo vemos, lo importante de este ejercicio es que encuentres eso que te amenaza y lo conviertas en tu fortaleza, toma de allí lo necesario y el resto deséchalo.

Veámoslo desde los siguientes punto de vista:

1. Si te quedas sin dinero siempre habrá manera de conseguir más dinero, hasta las personas más pobres consiguen dinero y lo transforman poco a poco. Siempre podrás volver a conseguir un trabajo y así generar más dinero, no importa si el trabajo es de salario mínimo, porque por muy poco que sea tu ingreso siempre podrás ahorrar y convertir ese ahorro en el sueño que siempre has querido para tu vida, así que el dinero tiene solución;

2. Ahora, si no tuvieras comida en tu refrigerador, siempre va a haber un familiar o un amigo que puede darte comida o invitarte a comer, en el peor de los casos podrías pedir comida a las afueras de un restaurante, recuerda que el ser humano es caritativo y nuestra naturaleza es ayudar a los demás;

3. Si te quedas sin un techo, podrías dormir en el sofá de algún conocido, o ir a algún albergue donde los costos son sumamente bajos y así solventar la situación hasta que puedas tener ingresos que te lleven a una vida mejor;

4. Si no tuvieras transporte o gasolina para tu carro, podrías utilizar el transporte público, rediseñar tu vida también sería una opción, yéndote a un estilo más sano caminando hasta tu trabajo o andando en una bicicleta.

Lo importante de este ejercicio de partida, es demostrarte que para el peor de los casos existe una alternativa, todo tiene solución y de allí debes iniciar para poder ver la vida con otros ojos, tener una perspectiva diferente de lo que haces y hacia dónde te diriges, pero si para ti esto no es nuevo y ya sabes cómo salir de ese pozo sin final, entonces no hay excusas para usar esto como un andamio que te llevará al éxito sin lugar a dudas.

Es hora de que comiences haciendo una lista de todos los miedos que has identificado, quizás te parezca un poco ambiguo el camino porque estamos en la primera parte del libro y quizás sea la primera vez que piensas en emprender por internet, sin limitaciones de espacio, tiempo o ingresos para hacer lo que siempre has querido hacer pero te aseguramos que conocemos muy bien cuál puede ser el peor de los casos y no tienes nada de qué temer.

Es un escenario que ya conoces y no has querido presenciar por el temor al fracaso y atraer cosas malas, pero al contrario, conocer cuál sería el peor de los casos y aun así tomar la decisión de continuar por este sendero, te alejará de un fracaso, porque la verdadera pregunta de pronto se convierte en:

¿Qué pasaría si pasas toda tu vida sin perseguir tus sueños?

Sin duda alguna ese es el peor de los casos y ni tú ni yo queremos que lo vivas, no te conformes con el "quizá" o el "si hubiera", al contrario, ve más allá de tus propios límites.

Para mi, no hay nada peor que satisfacer las necesidades de otros sin antes haber satisfecho las nuestras, está bien que aportemos cosas interesantes a la vida de los demás, pero es más importante aportar cosas de valor a la nuestra.

No quiero pasar mi vida siendo un ladrillo más en la pared de un sistema laboral desgastado y que busca satisfacer los caprichos de otros, que desgasta la ambición personal y que afecta el potencial de los que forman parte de él.

Es necesario que actúes ya, comienza por redactar tu lista de miedos, rompe paradigmas y vence tus demonios, no quiero que te estanques porque a esto es a lo que te enfrentas si no actúas ahora y sigues el camino retorcido que llevas hasta este momento. No quiero que seas una víctima más de este sistema nefasto y que ya no tiene cabida para el siglo XXI.

Este libro te llevará de la mano por todo lo que necesitas conocer sobre el ser un diginauta, pero al final la decisión es tuya, sólo tú puedes cambiar lo que eres hasta ahora, sólo tú puedes quitarte el miedo de encima y decir basta, porque en realidad el miedo es lo que no te está permitiendo caminar libremente hacia tus metas y sueños que ya te están esperando con ansias.

OPEN ENGLISH, UN PRODUCTO PARA APRENDER INGLÉS POR INTERNET

ANDRÉS MORENO

Los casos de éxito que iremos analizando en este libro, tienen un motivo, es importante que te des cuenta que hay diginautas que cambiaron sus estilos de vida con solo poner en marcha sus ideas.

Muchos tenían ideas que realmente solo necesitaban un pequeño empuje para materializarse.

Andrés Moreno es uno de ellos, un venezolano que no le tuvo miedo a lanzarse a un mercado donde ya existían muchas opciones, pero ninguna tan práctica como la que él diseñó.

Seguramente su nombre no te suena familiar, pero al escuchar hablar de Open English sabrás de quién se trata. Si, ese personaje que acompañaba al famoso "Wachu" en los comerciales de Open English es Andrés Moreno.

Creador y fundador de la marca, que con una idea de marketing increíblemente ingeniosa, convirtió sus cursos de inglés online en algo completamente diferente. Su producto abarcaba más que solamente un curso de inglés: vendía una oportunidad de salir adelante.

Open English significaba progreso y evolución para muchos de los que vieron los comerciales que tapizaban las redes sociales.

Andres utilizó el "storytelling", una estrategia de marketing donde se busca contar historias a través de imágenes y videos, esto le dio un vuelco verdaderamente genial a lo que él tenía en mente, convirtiendo un curso de inglés online en algo con lo que el público realmente podía identificarse.

Andrés le dio un plus a su producto, incluyó profesores nativos de Estados Unidos en su plataforma de cursos, lo que incrementó las suscripciones provenientes de recomendaciones. Los usuarios, satisfechos con su compra, rápidamente compartieron los beneficios de tener instructores que hablaban el idioma nativo que intentaban aprender.

El modelo que Open English ofrece es de clases en vivo las 24 horas del día, desde cualquier parte del mundo, lo que es perfecto para un nómada digital que quiera aprender inglés, pero también lo es para aquellas personas que forman parte de la fuerza laboral tradicional y que solo disponen de tiempo durante las noches y los fines de semana.

Además del proyecto principal, Andrés vio mucho potencial en su negocio y tuvo que expandirse hacia otras ramas, como lo es Next U, Open Labs y Open English Junior, todas las opciones son completamente online, con acceso disponible 24/7, cada una depende completamente de Open Education, que es la marca matriz, que abarca cada rama con sus diferentes enfoques.

Andrés identificó las necesidades del mercado y fue abarcando cada una progresivamente. Next U, una escuela de estudios digitales a nivel mundial, permite a expertos en diseño gráfico, desarrollo web, marketing digital y otros temas, impartir una serie de cursos que otorgan certificados a nivel mundial por universidades reconocidas.

Open Labs es una escuela para desarrolladores de software, apps y programación, en ella, los estudiantes pueden ingresar a la hora que deseen y estudiar a su ritmo, con diferentes profesores y con temas de interés propio.

Cuando Andrés construyó Open English, lo hizo pensando en adultos y sabía que estaba dejando un mercado importante por fuera, el de los niños y adolescentes. Fue así como nace Open English Junior, una plataforma donde los niños aprenden inglés mientras juegan y se divierten.

Andrés ha podido edificar un imperio de la educación digital, con presencia en las ciudades más importantes del mundo.

Y quizá te preguntarás ¿Cuál fue el capital o con cuánto recurso contaba él para fundar su empresa?

Veamos, Andrés lanzó Open English en el año 2007 en Caracas, Venezuela, con un presupuesto menor a los $1000 dólares, en ellos se incluían los precios de diseño web, desarrollo web, hosting, dominios, pagos de profesores y programadores y por supuesto los registros de la empresa.

Estos $1000 dólares se multiplicaron casi al instante de ser creada y lanzada la plataforma, Andrés ya veía el potencial de su empresa, pero todos a su alrededor vieron aún más. En el 2017, la empresa fue considerada como el mayor emprendimiento proveniente de un Venezolano en los últimos 10 años, tomándolo como ejemplo en millones de conferencias por su gran impacto en las sociedades modernas.

Andrés asegura que aproximadamente unos 500.000 estudiantes ya han sido partícipes de Open English. Un gran porcentaje de los usuarios califican la plataforma como una de las mejores inversiones que han hecho en su vida.

Resultados igual de positivos han sido obtenidos con todas las empresas que dependen de Open Education, para ellos es sumamente importante lo que piensan sus usuarios y sus opiniones.

En el 2013, 6 años después de haber sido fundada, la empresa ya estaba valuada en $123 millones de dólares, lo que representaba un verdadero récord por parte de una empresa de tecnología nacida en Latinoamérica.

Y después de haber leído todos esos datos sorprendentes, quizá pienses que para Andrés todo fue sencillo, que emprender fue cuestión de unos minutos porque ya tenía una idea, pero la realidad es que no fue así.

Él dejó sus estudios universitarios para dedicarse a su emprendimiento, estudios que ya estaba a punto de culminar.

Open English no fue lo primero que fundó. Antes de eso fue Optimal, que era el nombre de una empresa que buscaba impartir clases de inglés para ejecutivos en Latinoamérica de empresas de renombre como Microsoft y Procter & Gamble.

El precursor de lo que después se convirtió en Open English no era online, debía reclutar profesores nativos norteamericanos y trasladarlos a Venezuela para que estos impartieran las clases. Además, el modelo requería que cada uno de los instructores contara con experiencia en la rama que la empresa que los contrataba necesitaba, cosa que convirtió esta empresa en un verdadero martirio y los llevó al cierre de la misma.

Obviamente, Andrés no se quedó con los brazos cruzados después de su fracaso y de allí surgió la idea de crear una plataforma donde las personas ingresaran y pudieran disfrutar de clases personalizadas y a cualquier hora del día sin necesidad de trasladarse.

Teniendo en mente los factores que contribuyeron al fracaso de Optimal, Andrés contrató programadores para que desarrollaran la plataforma. Todos los programadores eran estudiantes que había conocido durante su tiempo en la universidad.

Poco a poco fueron trabajando en la mejor manera para que la plataforma pudiera funcionar, pero sus ahorros iban disminuyendo conforme iban progresando.

Andrés menciona que cuando tenía menos de $700 dólares en su cuenta para seguir pagándole al equipo, fue cuando decidió viajar a los Estados Unidos en busca de inversionistas.

Él sabía que su idea era grande, no era una simple plataforma, era algo que realmente iba a dar muy buenos frutos, por eso decidió tomarse el atrevimiento de presentarle la propuesta a un grupo de inversionistas.

Durmió durante dos años en el sillón de un amigo para poder hacerse espacio en la industria, hasta que logró que uno de los magnates lo escuchara y ya con capital en mano, pudo regresar a Venezuela donde terminó de darle forma a la plataforma y realizó el lanzamiento en el 2007.

Con una campaña bastante económica pero impactante, el mundo del marketing y la educación jamás habían visto algo parecido.

No tuvo miedo a lanzarse a algo que desconocía, no había límites, solo sabía que debía seguir lo que le indicaba su instinto y era emprender, esas ganas las tenía desde niño y lo llevaron a su éxito.

Siempre supo que debía estar en constante movimiento, en la búsqueda del equipo ideal, contratando personas altamente capacitadas, pero sobre todo, nunca perder su perseverancia, que fue lo que le condujo al éxito que tiene hoy en día.

Quizás algo salió mal al principio, pero siguió intentando sin desfallecer, la pasión por lo que hace, lo ha impulsado a seguir adelante y eso es lo que tú debes tener cuando comiences a emprender, nunca debes perder la motivación por lo que haces, sin eso no tendrás nada.

Volviendo al tema del éxito, Andrés, se dio cuenta que debía tomar en cuenta a sus usuarios, de esa manera, una de las campañas más exitosas en Open English fue donde los usuarios que ya habían utilizado la plataforma, daban sus testimonios contando sus experiencias.

Ya no era solamente un curso que hablaba de sí mismo, ahora había usuarios que hablaban de su experiencia y todos los comentarios eran positivos, este fue el plus de su marca, realmente proyectaba a los usuarios como héroes.

El tiempo pasaba y Andrés sorprendía aún más a Latinoamérica, al enfocarse en satisfacer la necesidad y el "hambre de aprender inglés". Él usó eso a favor de su empresa, porque sus comerciales no eran publicidad engañosa, realmente cumplía lo que ofrecía y llenaba las expectativas de quienes lo contrataban.

Colombia fue el país escogido para el lanzamiento de este producto, él sabía que sus mayores consumidores estaban en este país. Después de iniciar en Colombia, partió a otros países de Latinoamérica, donde realizó una serie de encuestas a padres y sus hijos.

Su investigación lo llevó a descubrir lo que estas familias esperaban de un curso de inglés para niños. Con toda esta información valiosa, Andrés y todo el equipo de Open English Junior le dieron forma a esta genial idea, una plataforma en la cual todos los niños pudieran aprender inglés mientras se divierten con juegos didácticos. Una manera eficiente de aprender el idioma sin obligarlos, más bien creando una interacción entretenida con el idioma.

Andrés regaló accesos a lo largo de un año para comprobar si a los niños colombianos les gustaba el producto. No existe otra manera más eficiente para descubrir si realmente funciona un producto, que poniéndolo en manos de los usuarios y presenciando sus reacciones.

En su caso, el patrón de aprobación que habían tenido con Open English, se repetía. Lo más interesante de todo, era que las horas en las que niños de 6 a 12 años accedían a la plataforma se distribuía esporádicamente a través de los siete días de la semana, durante las 24 horas del día.

Andrés tiene claro que el acceso 24/7 es un factor que equivale a un producto altamente diferenciado de la competencia y que los usuarios valoran.

Además de ello, la plataforma permite a los padres tener un control sobre las lecciones que disfrutan sus hijos, una característica que fue agregada al producto después de recibir retroalimentación por medio de encuestas, en las cuáles se repetía a menudo la preocupación de esta opción.

De esta manera, se logra que los niños sean felices de aprender inglés y también sus padres, sabiendo que es seguro lo que están viendo sus hijos.

Andrés no es solamente un empresario exitoso, también es una persona preocupada por sus usuarios, sin necesidad de decirlo, ellos lo perciben y confían en sus métodos.

Ya tiene presencia en países como Turquía y Canadá, donde jamás pensó llegar, hoy su marca es una de las más importantes a nivel mundial y todo por el simple hecho de saber aterrizar su idea y contar con la visión para usar internet como método primario de distribución.

CAPITULO IV

LA MAGIA DEL 80/20 Y CÓMO PUEDE CAMBIARTE LA VIDA

¿QUÉ HARÍAS SI TUVIERAS EL 80% DE TU TIEMPO LIBRE?

> ** "** No es un aumento diario, sino una disminución diaria. Hackear hacia
> afuera los inesenciales."

- *Bruce Lee, Karateca*

Todos los días tenemos la oportunidad de comenzar algo nuevo, usar este tiempo para hacer algo diferente a lo habitual, sin embargo, muchas veces se comete el error de usar ese día para pensar que no tienes el tiempo necesario para desarrollar una idea que has estado pensado o para empezar tu emprendimiento.

Esto hace que te retrases y vayas olvidando tus objetivos, y desde el principio te hemos dicho que tener metas claras es lo más importante para que tengas éxito como diginauta.

Resulta que para emprender esta aventura además de tener determinación y constancia, también es necesario administrar correctamente el tiempo.

El tiempo es el factor clave para poder cumplir con tus objetivos y aunque muchas veces parece que te frena haciendo que te desvíes del camino que te has trazado, haciéndolo extremadamente complicado, es la clave para lograr el éxito que tanto deseas.

Vamos a lograr que consigas una percepción diferente de cómo manejar tu tiempo y el espacio donde te desenvuelves.

No tomes decisiones apresuradas, tómate el tiempo necesario para trazar objetivos, una especie de mapa que te dará una visión clara de lo que harás en los próximos meses, es un poco parecido a cambiar la programación de un chip.

Vas a cambiar la programación con la que has estado viviendo hasta ahora.

A veces somos muy cuadrados en lo que pensamos y hacemos, lo que nos lleva a obtener resultados muy estáticos y con un potencial mínimo, por no salirnos de ese patrón conductual del cual estamos acostumbrados.

Por desear que te salgas de la norma, la intención no es que seas extremista y hacer exactamente todo lo contrario a lo que hacías antes, puede que si lo haces, logres algo que quieres, pero mi intención no es que te conviertas en un caos y tomes decisiones al azar sin antes pensar en lo que deseas lograr.

¡DESPIDE A TU PATRÓN! - Capítulo IV   37

Prosiguiendo con el punto de hacer algo diferente, los cambios siempre son buenos para la vida, cambios paulatinos de hábitos, no que cambies todo lo que eres hasta ahora, recuerda que tu personalidad es lo que te conecta con el compás moral que te lleva a completar tus metas.

Me gustaría que de ahora en adelante te conectes de esta manera con tus metas, sabiendo claramente que vas a realizar y cómo lo vas a hacer, hacia qué filosofía o "norte" moral te vas a dirigir, es imprescindible que te organices de acuerdo a tus prioridades y deseos, sin dejar de lado lo racional.

El subtítulo de este libro puede parecer extremo, pero no se trata de que renuncies a tu empleo de hoy para mañana. Una decisión tan importante requiere tiempo y sobre todo el ordenar ideas y prioridades.

Los empleos son algo que debe tomarse con seriedad, es lo que verdaderamente nos sustenta y renunciar a ellos no debe tomarse a la ligera, ya te irás dando cuenta de porqué hay que planificar lo que quieres hacer, para quitar las ataduras que te incomodan.

Yo comencé a retirarme de mi empleo paulatinamente, la toma de decisiones no fue sencilla pero pude manejar mi tiempo a mi conveniencia para que jugara a mi favor y no en mi contra.

Debes aprender a beneficiarte de cada situación que se te presente, está en ti tomar lo bueno de cada una de ellas y aprender de lo malo, no te apresures, todo sucede por un motivo y vas a descubrir cómo solucionar cada situación que está consumiendo tus pensamientos.

No es sencillo pero tampoco imposible. Voy a compartirte las herramientas y las vivencias de este estilo de vida que se me presentaron por medio de una persona que ya se había convertido en diginauta y como ya lo hemos mencionado, le funciona también a miles de personas a nivel mundial.

Cambiar tu estilo de vida a uno más nómada y remoto es complejo, lo podemos ver como un proceso y no como un evento que sucederá de manera instantánea, pero te aseguramos que si estás pensando dejar tu estilo de vida actual, en el que asistes a una oficina durante 40 horas a la semana, estás en el camino correcto.

El sueño y el deseo deben ser plasmados en papel, un pintarrón, en piedra o en algún lugar que sea un recordatorio para que se convierta en una meta.

Las metas deben de tener fecha límite para que se convierta en un plan, ese plan va a ser definido por ti, considerando que a largo plazo, tu realidad será que no estarás encerrado en tu trabajo convencional sino que, tal vez estarás en una playa paradisiaca o en una ciudad cosmopolita donde siempre has querido estar ¿tentador, no?

Recuerda, para viajar a todos estos lugares y sobrevivir con un empleo fijo no va a ser posible, pero si dejas de pensar así y te enfocas en tu vida de diginauta, verás que lo imposible se vuelve posible.

Solo necesitas trazar un camino nuevo, uno lleno de retos que te hagan ser mejor y de elementos que aún no son familiares para ti.

No es un camino sencillo, como ya lo hemos platicado, pero voy a ayudarte a que des pasos firmes y seguros para que la toma de decisiones sea concisa y logres tus objetivos.

¿Cuántas veces te ha pasado que estás en la oficina y terminas el trabajo pero no puedes irte porque debes cumplir un horario?

Si tu empleo de oficina o prestando servicios es algo parecido al último empleo que yo tuve, la respuesta es seguramente "muchas veces".

Es que en realidad eres productivo de 2 a 3 horas de las 8 horas diarias de empleo y el resto las inviertes en actividades cotidianas como comer, tomar un café, descansar, platicar, checar tu Facebook, etc.

Muchos de los jefes convencionales y supervisores no comprenden acerca de la libertad de desarrollo y por mantenerte bajo su supervisión, en un cubículo de trabajo, no dejan que crezcas en otras áreas.

Además de que inviertes mucho de tu tiempo en cosas que no tienen productividad y que te hacen perder tiempo valioso en tu vida, desperdicias oportunidades diariamente.

Para comprender todo esto debemos hablar del tema de la productividad y la importancia que esto tiene en la vida, porque en muchas ocasiones, crees que estás siendo productivo debido a que realizas múltiples tareas pero esas tareas pueden estar desviando tu vista de lo que en realidad sueñas.

El hecho de que realices tu trabajo de forma productiva no garantiza en absoluto un mejor futuro para ti, hay que saber separar muy bien la productividad para una empresa que te va a pagar un sueldo y la productividad para un beneficio propio.

En nuestro día podemos llevar a cabo un sinfín de actividades y a veces no van a satisfacernos del todo, la magia está en realizar cosas que te acerquen a esas metas que anhelas, no a las metas que anhela tu patrón.

Ya sabemos que cumplir con un horario de trabajo tradicional es realmente molesto y en ocasiones traumatizante.

Hay personas que no son productivas bajo esta modalidad arcaica y no quiere decir que no sean capaces de lograr una tarea sino que, no es su estilo sentirse encerrados y sabemos que tampoco es tu estilo porque ya te cansaste de esas tediosas tareas y estar en tu horario laboral obligatorio de lunes a viernes.

Quieres disfrutar, quieres vivir tu vida y justo eso vas a lograr.

Uno de los extremos a los que no conviene que llegues, es creer que vas a dejar de trabajar por vivir una vida más holgada, cuando no es así, vas a tener responsabilidades que cumplir y tareas que llevar a cabo pero desde una perspectiva distinta.

El diginauta no es un holgazán. De hecho, al principio trabajarás a un ritmo mucho más intensivo a comparación del que has venido manejando en tus empleos, con la diferencia que ahora se verá directamente reflejado en tus resultados a largo plazo. Resultados que te van a beneficiar directamente a ti, no a ninguna empresa que no te pertenece.

Lo ideal es que aprendas cómo usar herramientas que te faciliten el trabajo sin ausentarte, es algo como tener robots, no dejarás de hacer cosas, pero no estarás todo el tiempo haciéndolas.

Automatizar tus acciones en este nuevo estilo de vida será vital, debes ser completamente productivo y organizado para manejar todo de la mejor manera.

En algunos casos tendrás contacto con personas que trabajan mientras tu duermes.

En la India podrías tener equipos completos que terminen las tareas que tu requieres a un costo bastante mínimo. Gracias a la diferencia de horarios, estos asistentes virtuales pueden estar trabajando mientras tú estás soñando.

Una premisa que no puedes dejar de lado, es enlistar las prioridades de tu emprendimiento, trabajo, vida y bienestar emocional.

No debes pensar en que todo gira en torno a ti, pero si a lo que haces y de allí organizar todo en listas de prioridades, esto es sumamente importante, te ayudará a que mejores como persona y que crezcas en todo ámbito, liderando así tu vida y tú tiempo.

Estas listas te van a ayudar a llevar un control de todo lo que estés haciendo, verás que organizando de esta forma, todo va a fluir mejor, sabrás en qué cosas debes enfocarte primero y qué puedes dejar para después porque no son tan urgentes como las que ya pusiste al tope de tu lista.

También podrás comprender que es fácil caer en el juego de convertirte en un cuello de botella al momento de tomar decisiones, debes ser cuidadoso con esto porque es una conducta destructiva, para que puedas automatizar de manera eficiente, tendrás que delegar la toma de decisiones a miembros clave de tu equipo.

Lo primero que debes hacer antes de tomar cualquier decisión y comenzar con este estilo de vida es definir tus prioridades, es importante que las dividas de acuerdo a la inmediatez de cada una de ellas, dándoles la importancia que requieren de acuerdo a tu necesidad.

La regla básica del 80/20 (mejor conocido como el principio de Pareto) debe verse reflejada en todo momento. Podemos usar por ejemplo los ingresos que te trae la venta de un producto o un servicio. Bajo el principio de Pareto, 20% de tus clientes que más compran te traen 80% de tus ingresos.

Usando esta información debe de ser prioridad mantener relación con este 20% de tus clientes y estar enfocado en sus necesidades, para a la par poder conseguir mas y mas clientes que se parezcan a este 20%.

En nuestro caso, el trabajo de manera remota se lleva a cabo bajo ciertas tareas que se cumplen en un lapso de tiempo donde al organizarnos y manejar bien nuestro tiempo, obtenemos los resultados que deseamos, sin perder tiempo en tareas extras.

Tendremos que enfocarnos en satisfacer el 20% de tareas y delegar el otro 80% que no requiera tanto de nuestra atención. Delegar no quiere decir dejar de dar seguimiento, simplemente significa que otra persona puede encargarse de esa parte para liberarte el tiempo para enfocarte en otras cuestiones mucho más importantes y quizá hasta vitales en tu proyecto.

Lo que hacemos como diginautas para automatizar nuestro tiempo es subcontratar, esto consiste en pagar por tareas que te pueden quitar tiempo valioso que puedes invertir en otras cosas, quizás en conseguir nuevos clientes, darle un toque especial a tu emprendimiento o simplemente hacer tus cosas personales.

Ahora bien, piensa en cómo consolidar tareas dentro de tu trabajo que puedas llevar a cabo en menor tiempo, es decir, ir reduciendo las horas que empleamos para ello.

Por ejemplo, cómo hacer para incrementar tu eficiencia de 8 a 4 horas de trabajo, esto es muy importante y se puede lograr de manera exitosa, pero la base para ello es la organización (usando el principio de Pareto).

Si logras definir tu 20% primordial estarás haciendo en un día lo que estabas haciendo en dos. El tiempo que liberas lo puedes usar para aprender un idioma nuevo, compartir más tiempo con familiares y amigos, conocer lugares a los que siempre quisiste ir o simplemente tomar un tiempo de calidad para ti, algo que todos necesitamos.

Cuando vivimos en el mundo laboral convencional, nos llegan a la mente unas interrogantes importantes, ¿Si termino en menos tiempo lo asignado mi jefe me dará más tareas que cumplir? ¿Si se da cuenta que no invierto todo mi día en sus asignaciones puede que se moleste?

A todos nos ha pasado que pensamos en las repercusiones que puede tener nuestro empleo. Tu meta dentro de todo este proceso siempre será el probarle a tu supervisor que estás capacitado para cumplir las metas en el tiempo que se te establezca y lo más importante es que tu trabajo sea de calidad, esto va a ser clave para demostrarle que tú puedes trabajar de manera remota.

No tiene por qué enterarse tu supervisor que haces todo a una velocidad increíble y que el resto del tiempo lo tomas para ti, recuerda que él solo te plantea los objetivos y un lapso de tiempo para cumplirlos.

No pongas en riesgo algo con lo que te sientes bien, pero si enfócate en lograr algo bueno en cada cosa que hagas para otros, esto va a ir hablando por sí solo.

De aquí te vas a enfocar para que tú 20% de dedicación se centre en actividades realmente productivas y así poder eliminar o ir disminuyendo ese 80% que muchas veces no te deja hacer lo que realmente quieres.

La lista de prioridades te va a servir para que cuando comiences a trabajar de manera remota puedas organizar tu tiempo de la mejor manera y que tu día sea completamente productivo el 20% de tu tiempo para que el otro 80% puedas disfrutarlo en ti.

Te encargarás de esquematizar tu manera de trabajo, tú manejarás tu tiempo, es importante que lo entiendas, debes saber que canalizando tus ideas y organizándolas de la mejor manera, vas a lograr que otros vean cómo trabajas de una manera diferente, haciéndote distinguir del resto.

Ya no pienses en que tu supervisor te dará más tareas para terminar el trabajo más rápido. El objetivo, que exploraremos en el siguiente capítulo, es comprobar que puedes trabajar mejor estando de manera remota, que producirás el doble de rápido lo que se te pida, no debe confundirse con que harás el trabajo de otros.

El resultado es quitarte la programación de que estando en una oficina puedes ser más productivo porque tu jefe te está observando, porque nada de esto pasa en el trabajo remoto.

Siempre habrá alguien que te supervisará pero no te encerrará en un espacio para que cumplas con tus asignaciones y esto sin duda te da más libertad.

No te frustres si no te dan tareas importantes al principio, recuerda que debes ganarte la confianza poco a poco, debes demostrar que tú eres capaz de llevar esta modalidad a otro nivel, que eres tú el indicado para un puesto de trabajo de manera remota.

No es fácil confiar en alguien estando a kilómetros de distancia pero tu entrega y dedicación van a hablar muy bien de ti y de tu emprendimiento, sólo debes darle el tiempo necesario a lo que estás haciendo.

Trabajar desde casa es algo que hacen millones de personas a nivel mundial y tú también puedes hacerlo, por eso te he preparado en el siguiente capítulo cómo logré esa independencia laboral que siempre había querido y lo mejor de todo, trabajando desde sitios que nunca imaginé.

CAPITULO V

PASO A PASO: CONVENCE EFICIENTEMENTE A TU PATRÓN Y REDUZCAN TU JORNADA LABORAL A 3 DÍAS

¿ALGUNA VEZ HAS EXPERIMENTADO LA TRANQUILIDAD DE TRABAJAR DESDE CASA? SI NO ES ASÍ, ES MOMENTO DE HACERLO.

> **"** No *eberías concentrarte en por qué no pue*es hacer algo, que es lo que hace la mayoría *e las personas. Deberías concentrarte en por qué tal vez si pue*es y ser una *e las excepciones."*
>
> *- Steve Case, cofundador de AOL*

En la actualidad, el empleado millennial se ha dado cuenta de que puede desarrollar sus capacidades laborales fuera de un cubículo de trabajo al cual se sometía durante 40 horas semanales o más, para tener un poco de libertad en su vida y a su vez generando ingresos, algo que muchos necesitan pero que no logran con facilidad.

La generación millennial se fue adaptando a las nuevas tecnologías y haciéndolas parte de su estilo de vida. Son personas que nacieron entre los años 1979 y 1996, a veces se les confunde con la generación Z, que es mucho más joven y está familiarizada con la web 3.0, por lo que son nativos al lenguaje digital.

Sin embargo, la generación Z apenas va entrando en concreto en un mercado laboral y es por ello que nos centramos en los millennials (pero se podría aplicar para personas de cualquier edad o género). La generación Z formará parte de la bolsa de trabajo en un futuro no muy lejano y le dará más certeza a todos los conceptos que se exhiben en este libro.

El estilo de vida de todos los humanos está cambiando completamente a través de la evolución de las nuevas tecnologías y de la facilidad de comunicación global que ahora existe.

Estamos siempre en constante movimiento, nos asfixia el prototipo de tener un jefe al cual le cumplamos tareas durante varias horas al día. Cada vez existen más jóvenes que no le encuentran ningún tipo de utilidad a este modelo arcaico de empleo.

No queremos estar en un mismo lugar durante mucho tiempo y sobretodo queremos descubrir nuevas experiencias, algo que con la vida laboral tradicional no es posible.

No es secreto para ninguno de nosotros que al cumplir un horario nos sentimos atados, dejamos de hacer cosas que nos interesan realmente por cumplir tareas de otros.

Esto no quiere decir que nuestro empleo no nos importe, pero en el estilo de vida remoto, la vida se lleva de una manera diferente, se cumplen metas de acuerdo al tiempo pautado y del resto que queda, si hay algo de tiempo, es para nosotros.

Ese resto es el tiempo que le puedes dedicar a las cosas que en realidad valen la pena para ti. De ahí la importancia de tener más tiempo para nosotros.

Créeme, tarde o temprano te darás cuenta que puedes ser más productivo cuando disfrutas de un espacio que conduce a la creatividad y a la eficiencia, cuando te sientes a gusto, en un ambiente donde no te sientas asfixiado.

Es bastante abrumador pensar que como diginauta se puede tener las mismas, o más, responsabilidades que las que se tienen en una oficina, trabajando de manera remota, pero te sorprenderás cuando descubras que la naturaleza de estas responsabilidades no es la misma.

Con solo tener conexión a internet, un diginauta puede cambiar su mundo. No vas a estar aislado y solitario, al contrario, el tiempo que pases fuera de tu sitio de trabajo será tuyo, para compartir con tu familia y amigos, disfrutando de viajes o haciendo lo que siempre has querido.

Lo bueno es que irás conociendo lo que este estilo de vida remoto te ofrece y tú mismo podrás sacar tus propias conclusiones y ponerte a ti mismo como prioridad por primera vez en tu vida.

Uno de los primeros retos que te vas a enfrentar es a las críticas de las generaciones anteriores, estas generaciones que crecieron con un sistema completamente diferente al nuestro y que no podemos cambiar.

No es que ellos quieran que desperdicies tu tiempo trabajando durante todo el día en una oficina, debes entender que no es un capricho, sino que, es algo que tienen inculcado en su manera de pensar, para ellos las personas productivas son aquellas que van a sus trabajos a diario, cumplen un horario y hasta se quedan tiempo extra para avanzar con muchas más tareas de las que son necesarias.

No te sientas mal por estos comentarios, siempre van a existir, lo que debes tener presente es que todo va cambiando y nosotros somos parte de ese cambio que está sufriendo el modelo laboral actualmente.

Mis padres también se resistieron al hecho de que ya no iba a estar trabajando en un empleo "común". Batallaron para comprender cómo estaba generando mis ingresos por medio de un iPhone y una laptop.

Me cansaría de contarte todas las veces que mis papás se preguntaban qué hacía tanto tiempo metido en las redes sociales y al responder que estaba trabajando, me tacharon de mentiroso porque no podían comprender cómo generaba mis ingresos.

Yo también fui de los que veían el reloj intentando ayudarlo a que marcará la hora más rápido, porque ya había completado mis proyectos pero no podía retirarme de mi puesto de trabajo, ya que, sabía que mi jornada era de 8 horas y no podía irme antes de la oficina.

Pero esa espera desespera, podría haber estado haciendo cualquier otra cosa que llenará mi vida y no ver las horas pasar.

Lo peor era que me sentía completamente ocioso porque sabía que con ese tiempo podría estar en clases de piano, aprendiendo kickboxing o simplemente cocinando la cena con mi novia.

Muchos de mis compañeros utilizaban la web como un medio de escape a este caos del tiempo, mandaban mensajes de texto, ingresaban a las redes sociales para ver las últimas publicaciones de sus conocidos y darle "Like" a algún meme.

Planificaba a diario la estrategia maestra para poder escapar de esa prisión laboral en la que estaba. Necesitaba encontrar una manera de utilizar el internet de una manera productiva, una manera que me acercara a ese estilo de vida que siempre había querido.

El diseño de mi estilo de vida de diginauta se planeó desde mi escritorio mientras trabajaba para la FCA (Farm Credit Administration) del Gobierno Federal de EEUU. Mientras trabajaba, y terminaba mis proyectos más rápido de lo pensado, empecé a utilizar ese "tiempo extra" para planear cómo escapar de ese estilo de vida y diseñar lo que me permitiría vivir de manera remota, viendo el internet como una ventana que sin duda me ayudaría a lograr lo que anhelaba, porque solo estaba aprovechando un poco de lo que en realidad me ofrecía.

Luego puse en marcha una conspiración mediante el uso de las horas que me sobraban del tiempo laboral y las invertía en cosas que no tenían nada que ver con mi empleo, las fui enfocando en aprender las habilidades que necesitaba para emprender un negocio mediante el internet.

Para mi, el usurparle horas de trabajo a mi empleo fue vital, de esa manera me di cuenta de que realmente podría poner en marcha un gran plan con tan solo unas horas de inversión y al cabo de un tiempo mi plan cambió a poder despegarme días enteros de mi oficina.

Durante ese transcurso me di cuenta de que necesitaba un poco más de tiempo para poder sacar el provecho que realmente necesitaba. Tenía que invertir 8 horas de trabajo en mi plan para poder lograr ese cometido que me había propuesto, es decir, pasar de esos lapsos cortos de 30 minutos a una hora aprendiendo nuevos conocimientos acerca del emprendimiento digital a 8 horas completas durante un día entero, donde me dedicara enteramente a lo que quería cumplir, sin tener que presentarme a la oficina.

Era fijar esfuerzos y ver cómo podrían resultar pero ya lejos de mi espacio de trabajo convencional, es decir, desde mi casa, algún café, un bar, un parque, la playa, o cualquier otro sitio donde me sintiera cómodo en todo el sentido de la palabra.

Pero, ¿cómo podía hacerle para lograr ese día completo de trabajo remoto para dedicarle a mi emprendimiento sin que me despidieran de mi empleo?

A veces es muy cierto ese refrán que dice: "Es mejor pedir perdón que pedir permiso", deja de preocuparte de si aún te preocupa lo que puedan llegar a pensar acerca de que te despegues de una oficina y un modelo laboral obsoleto. O ¿Quieres seguir atado por el resto de tu vida?

Es aquí donde quiero que prestes mucha atención, porque voy a mostrarte cómo cambiar tu estilo de vida convencional sin poner en riesgo tu empleo.

No podía poner mi empleo en juego pidiendo días libres para utilizarlos en lo que quería, por eso tuve que pensar estratégicamente con el fin de proteger mi estabilidad laboral y económica, porque indudablemente no quería quedar desempleado.

Así que puse mi cerebro a trabajar y lo primero que hice fue lograr que la empresa en la que trabajaba invirtiera más dinero en mi por medio de capacitaciones y otros recursos similares.

Lo primero que debes hacer es encontrar la manera de que la empresa para la que trabajas y tu supervisor inmediato se den cuenta de que eres indispensable para ellos. Se dice que nadie es indispensable en un puesto de trabajo, pero nosotros podemos crear la percepción que lo somos y yo lo hice a través de incrementar el valor que tenía como empleado.

La empresa para la que trabajas siempre puede encontrar la manera de sustituirte, pero de ti depende la astucia para lograr que te vean como una pieza clave dentro de la organización. Por ejemplo, un jugador de fútbol soccer puede ser cambiado dentro de la oncena principal pero el último jugador que será sustituido siempre va a ser el capitán y esto es porque este personaje se ha ganado ese puesto. Ya sea con sus méritos, acciones, juegos victoriosos o simplemente sabiendo mover sus fichas muy bien, el capitán ha llegado al punto de ser el jugador más valioso y eso lo convierte en una pieza difícil de sustituir.

La clave está en hacer que la empresa te ponga en un pedestal.

Que tus supervisores y colegas vean que eres una inversión realmente valiosa y que sin ti pueden suceder cosas que los afecten de manera negativa en todo nivel. Sí, puede llegar un sustituto tuyo, pero necesitaran entrenarlo y formarlo durante mucho tiempo para poder lograr las metas que tú consigues en tu puesto de trabajo.

Tienes que jugar muy bien tu juego para que ellos sepan que sin ti el equipo está destinado a perder muchos, si no es que todos sus partidos.

Una buena manera para lograr incrementar tu valor es solicitar que te envíen a conferencias, cursos, certificaciones que tengan que ver con tu área de trabajo. Es importante vincular de una u otra manera a la empresa con esto, es decir, debes buscar que esa inversión retorne a ellos de cierta forma.

Para minimizar el riesgo de que te ausentes por dicha cantidad de tiempo, es posible que les ofrezcas tomar muchos de estos cursos de formación profesional por internet y que ellos cubran los costos. Al recibir el certificado de que completaste el curso exitosamente le estarás agregando valor a tu presencia en esa compañía.

Todo tu esfuerzo por crear una percepción de valor agregado hacia tu posición también deberá venir con preparación para los peores escenarios. No estamos diciéndote que te pasará, pero puede suceder y es necesario que lo tengas claro.

Siempre puede existir alguien dentro de la empresa que le comente a tus supervisores que no es necesario enviarte a este tipo de certificaciones, que obviamente te ayudarán a tu emprendimiento pero que también beneficiarán a la compañía. La persona que está en tu contra, puede tergiversar tus intenciones y hacer parecer que en realidad no necesitan invertir más dinero en ti del que ya desembolsaron para entrenarte.

Debes ser muy astuto para lograr que tus palabras vayan acorde con lo que ellos piensan.

Muchas de las empresas tienen un fondo para apoyar a sus trabajadores en este tipo de iniciativas de crecimiento profesional.

Puede que este no sea el caso en la que empresa que tú te desempeñas pero puedes ser tú esa persona que les abra los ojos a esta oportunidad de inversión atractiva tanto para ellos como para ti.

El resultado ideal es que ellos se den cuenta que la inversión va a ser fructífera y cuando decidas faltar al trabajo un día por enfocarte en tu emprendimiento, no les va a hacer mucho ruido, porque, se darán cuenta de que te has capacitado para desempeñar tus actividades con más eficiencia de lo que ellos pensaron y aquí estarás haciendo una jugada maestra que te conseguirá un jaque mate.

El camino al jaque mate comienza usando tu mente para poner en marcha un plan maestro que te saque de esa incomodidad que sientes en tu trabajo.

Una vez comprendiendo la idea del plan maestro, haremos un experimento de pedir un día completo remoto y habiendo obtenido un valor agregado como resultado de cursos de formación profesional que sugeriste a tus supervisores que invirtieran en ti, es hora de prepararte para la "gran pregunta".

La manera en que te vas a preparar para la gran pregunta es pidiendo un día de descanso a base de haberte sentido indispuesto para ir a trabajar. Ojo, esto solo es posible si ya has demostrado una excelente conducta laboral y te has encargado de todas y cada una de tus responsabilidades.

El día que tú pedirás será un día para ti, no es tan complicado recibir el permiso cuando ya has apoyado de manera superior a las actividades que se desarrollan en tu empresa. Vas a pedir un día porque personalmente te estás sintiendo mal.

Y ¿quién te podría culpar? Llevas semanas o incluso meses "partiéndote la madre" por la empresa. ¡El burn out es real!. Estás cansado, estresado incluso a punto de estallar, así que será tu turno de pedir un día libre.

Y te preguntarás ¿Qué dirás ese día que faltes al trabajo? Debes incluir en tu lista de cosas por decir ese día, tal vez decir que estuviste enfermo, pero una enfermedad leve. Tu mentira blanca debe de ser algo poco grave, de manera que no genere muchas preguntas y si las hacen, puedas responder con sobriedad y sin titubeos.

Esto es vital para que tu pequeña mentira se sustente y no puedan notarla, muchos supervisores escriben o llaman cuando falta algún miembro del equipo, allí tus dotes de actor tendrán que ser pieza clave en la conversación. Si dirás que es una alergia debes actuar como tal, si es jaqueca o fiebre debes escucharte tal cual como una persona con esos síntomas.

Ojo, no te estamos diciendo que cuando faltes vas a dejar de fungir tu posición, de hecho vas a entregar más resultados del que entregabas cuando trabajas desde tu oficina.

Tu objetivo es poder mantener la línea comunicacional dentro de tu mentira blanca, claramente debes organizar cada palabra y que ésta no contradiga a la otra. No quieres que se den cuenta de que no es cierto lo que has expuesto y ese día también debes evitar ir a sitios públicos.

Todas las acciones de este plan son para mostrarte como te tienes que preparar para ese día en el que vas a faltar a tu trabajo, el objetivo no es hacerlo por diversión o por falta de compromiso, sino para ser productivo desde casa.

Este día que faltes, escoge de preferencia un jueves. La razón por la cual te sugiero el jueves es para que así tus supervisores puedan notar el contraste que va a tener tu productividad desde casa.

Acercándose al fin de semana, los equipos de trabajo están cansados y ya no quieren producir más trabajo.

Pero tú, al estar cómodamente trabajando vía remota, podrás demostrar la productividad vs la fatiga del horario laboral. Por ello este día va a ser importante y debes estudiar cómo vas a realizar tus tareas ese día.

El día que faltes les demostrarás que ha sido el día más productivo que has tenido hasta ahora. Atribuye tu productividad incrementada al silencio y la concentración que obtuviste cuando laboraste desde la comodidad de tu casa.

A tu regreso a tu oficina el día viernes muy pocas personas van a notar tu ausencia del día anterior y esto se debe al cansancio del que te hablamos.

El jueves y el viernes son días menos importantes dentro de una organización como lo son el lunes o el martes, puesto que son los días en el que más se produce y en los que los supervisores centran su atención en el desempeño (ellos también se cansan conforme pasa la semana) pero tu estarás descansado porque tuviste un pequeño descanso de todo el estrés laboral normal.

Además de esto, faltar un jueves a tu trabajo puede prepararte para que en el futuro puedas pedir dos días de trabajo remoto. Es decir, poder tomar jueves y viernes para trabajar desde tu casa.

El que te concedan ambos días para trabajar de manera remota va a depender de cuánto trabajo puedas completar en un día desde tu casa, va a estar estrechamente conectado con tus habilidades.

La clave de poder armar tu gran escape es la organización, debes estar muy bien estructurado este día para que puedas cumplir tus objetivos, tener metas claras te va a llevar a resultados positivos de una manera más rápida y también de una forma concisa.

De allí va a depender la capacidad que tengas de delegar funciones para que miembros de tu equipo de trabajo puedan realizar tareas por ti durante los días que estés ausente. Esto en absoluto significa que tú no trabajes y ellos sí, pero sí que ellos realicen el trabajo de "carpintería" y tú pulas lo que necesites pulir.

Hay que ver la delegación de tareas desde la perspectiva de entablar una buena comunicación con todos tus compañeros para que el trabajo fluya y tú puedas centrar esfuerzos en cosas que veas realmente necesarias para tu emprendimiento.

En este día remoto vas a demostrar tu capacidad de liderazgo y manejar un grupo de personas desde tu casa.

Por lo que debes lucirte en todo lo que hagas y digas. Debes demostrar cómo manejas a la perfección esta modalidad de trabajo remoto para que así los que te están observando vean tus capacidades. Genera confianza en ellos, vas a asumir muchas más responsabilidades y esto hará que tu productividad aumente, es allí cuando debes ser más eficiente desde el punto de vista remoto.

Es aquí donde tus supervisores se darán cuenta de que eres más comunicativo y productivo estando en casa, permitiendo que trabajes un día a la semana desde tu casa sin preocuparse de que no se cumplan las tareas impartidas, la confianza se inspira con hechos y en este caso también con palabras.

Ahora bien, llegamos a la parte complicada, tu retorno a la oficina para solicitarle a tu jefe que te permita tener un día remoto a la semana. Te vamos a resumir el proceso, esto consiste en tres cosas, propuesta, evidencia y detalles; lo primero que debes realizar es proponer de manera detallada cuatro días a la semana en la oficina y uno en casa.

Tu solicitud vendrá acompañada por evidencias, (las cuales obtendrás anteriormente durante el día que te reportaste enfermo y fuiste más productivo), presentando los resultados de haber trabajado desde tu casa. La evidencia será tu elevada productividad durante ese día que no asististe a la oficina.

Por último debes detallar lo que ofrecerías a la empresa trabajando desde tu casa, cuáles serán los beneficios tanto para ellos, como para ti y tu equipo de trabajo, y como podrás afrontar algún percance que se pueda presentar durante la jornada.

Vamos a repasar tu solicitud hacia tu supervisor o tu jefe a grandes rasgos y la sugerencia más importante es que la hagas con un alto sentido de confianza.

Algo muy parecido a esto,

"Hey, Roberto (tu supervisor) te quería proponer algo ¿tienes dos minutos para hablar? Es que estoy a punto de entrar a una junta pero es algo importante" inmediatamente tu jefe te dirá: "Claro que sí ¿Por qué no pasas a mi oficina?.."

Ya luego de esto le podrás decir:

"Fíjate que me di cuenta de que fui más productivo desde casa y quería proponerte trabajar de nuevo de manera remota este jueves, me di cuenta de que terminé más cosas en menos tiempo porque no tenía todas las distracciones que tengo en la oficina. Pude terminar A, pude terminar B y pude terminar C en menos tiempo del que regularmente me toma terminarlo y al mismo tiempo estuve en comunicación constante contigo y con los otros miembros del equipo."

Entonces va a ser el momento preciso para preguntarle:

"¿Qué te parece si este jueves vuelvo a hacerlo y de esa manera intentamos una prueba de un mes para ver cómo funcionó en esta dinámica? Y después del mes, si algo no funciona, podemos volver a trabajar los cinco días desde la oficina."

Es muy probable que tu jefe no esté de acuerdo con todo lo que tengas pensado. Recuerda que cada cabeza es un mundo y no podemos creer que otros piensan tal cual como pensamos nosotros, por ello debemos estar preparados para cualquier escenario, puede que su postura sea la mejor pero puede ser que no, esto debes tenerlo claro.

Muchos recurren a una vía "fácil" de solicitar una semana de cuatro días de trabajo remoto, pero créenos que no tiene ningún resultado positivo.

Al contrario, debemos mostrar primero los beneficios que le brindas a la empresa para luego poder exigir una recompensa.

Recuerda que aún está en la mente de muchos la idea de trabajar de forma convencional en una oficina y pedirles que cambien esto de la noche a la mañana es algo completamente agresivo y que garantiza que el plan fracase totalmente.

Es por ello que te aconsejamos preparar todo lo referente a tener un día de trabajo desde casa y así poder hacer todo lo que no tenga que ver con tu trabajo pero si con tu inicio como diginauta.

No queremos que te sorprendan en la empresa haciendo cosas para objetivos personales y crean que no estás haciendo tu trabajo al 100%.

Romper las reglas en el área laboral es sin duda otra excelente manera para el fracaso en todo tu plan.

Ya después que logres ese día de labor remota a la semana, vamos a lograr que consigas otro día remoto para que puedas irte saltando menos días de la oficina y puedas enfocar tu tiempo en desarrollar tu idea.

Lo más importante será enfocar ese tiempo en pensar estrategias de cómo poder generar ingresos desde tu casa sin que otros lo noten, sin que tu jefe actual lo note, sabemos que con astucia y dedicación vas a poder lograrlo.

El primer paso ya está dado, ya estás aprendiendo cómo hacerlo, ahora necesitamos que te pongas en marcha y brillen tus ideas para comenzar a cambiar tu estilo de vida a uno completamente renovado, donde el tiempo será invertido y disfrutado al máximo por ti y para ti.

3°

CASO DE
ÉXITO

DATSUSARA MMA

CHRISTOPHER ODELL

Las ventas por internet son reales. Para mi es importante compartir contigo los casos exitosos de personas que han logrado lo que te describo de manera teórica en cada capítulo de este libro. Muchos han podido comenzar su negocio por internet con el mínimo presupuesto y Datsusara no es la excepción.

Datsusara es una empresa que vende bolsos hechos de hemp o cáñamo, diseñados para satisfacer las necesidades de los atletas que practican box, artes marciales o MMA (Mixed Martial Arts). Datsusara no solamente vende bolsos para los peleadores profesionales, también lo hace para los amateurs y principiantes, los cuales necesitan la resistencia y la versatilidad que solo este material pueden darles.

El bolso está hecho de un material altamente resistente que llena las expectativas de estos atletas.

Tener presentes las necesidades del mercado antes de comenzar a vender, es imperativo. Identificar necesidades y satisfacerlas es mucho más sencillo que predecir las necesidades, crear un producto y luego pasar una eternidad buscando el mercado indicado.

Y eso es justo lo que hizo Christopher Odell al crear Datsusara, identificar las necesidades de los miembros de una comunidad a la que él pertenecía, aplicando el refrán que dice " no dar paso sin huarache."

Conocer a los miembros del mercado, identificar sus necesidades y atacarlas de la mejor manera, fue la mejor decisión que pudo tomar al momento de querer dejar su empleo y dar el brinco para convertirse un diginauta.

Odell identificó que en los Estados Unidos comenzaba a surgir una demanda por productos hechos con hemp, la cual es una fibra muy resistente que se extrae del cannabis.

Es decir, el hemp no se utiliza para "ponerse grifo", es una fibra con múltiples aplicaciones, está siendo utilizado por miles de industrias y empresas a nivel mundial para producir artículos de alta calidad. Fue así como Christopher Odell identificó una oportunidad potencial.

Christopher sabía que podía diseñar un producto de excelente calidad y dirigirlo a una comunidad, en este caso los peleadores de MMA. Esta comunidad crece de manera imparable. Desde hace 25 años el MMA y a su vez el UFC (Ultimate Fighting Competition) han crecido a una velocidad incomparable.

En el 2018, UFC, implementó las peleas en octógonos en vez de cuadriláteros y expandió las reglas al uso del cuerpo completo (se permiten patadas y ataques en el piso) lo que le favoreció para ser valuada en 4 mil millones de dólares. Millones de personas en Estados Unidos y otros países practican este deporte a diario.

Una vez siendo consciente del mercado, pudo ser parte de la oleada de crecimiento, conociendo el perfil de los miembros del mercado y sus necesidades, por lo que se encendió una chispa en su interior, para atacar este nicho que ya estaba tomando bastante fuerza.

Odell se consideraba miembro de esta comunidad, razón principal por la que decidió invertir su tiempo, dinero y esfuerzo en echar a andar su idea.

Él sabía cómo era la vida diaria de un atleta, lo que sucede durante los entrenamientos y cómo se preparan en las mañanas. Identificó los patrones de traslado que ellos llevaban a cabo todos los días, así como los "rituales" post entrenamiento. Basándose en esa información, consideró que el bolso debía contar con una fibra impermeable para que cuando algún peleador se quitara su camiseta y short pudiera meterlo en la bolsa sin problemas para lavarlos al llegar a su casa.

Así como en este caso con Chris, vas a presenciar historias de éxito en empresas por internet, que iniciaron con alguien tratando de satisfacer sus propias necesidades, para después expandir su oferta a otras personas.

Odell no era diseñador, no tenía ni idea de cómo iba a lograr materializar esta idea, solo sabía que debía producir su bolso (hasta ese entonces era solo una idea) con las características que su propia experiencia le dictaba, las cuales había detectado con facilidad por su cercanía con este rubro.

Se dedicó a buscar empresas en China que ya fabricaban bolsos similares a los que él quería, en un sitio llamado Alibaba, donde miles de proveedores publican sus productos para que el público pueda ponerse en contacto y manufacturar un producto específico.

De inmediato se puso en contacto con varias de estas empresas, para que diseñaran un prototipo que estuviese hecho a base del material que él quería, ellos le hicieron llegar algunas referencias de bolsos que habían diseñado en el pasado, con especificaciones claras, porque él no estaba completamente seguro de ninguno de estos términos o características.

Luego de encontrar una empresa de su agrado y conversar con ellos acerca del prototipo, ellos le harían el favor de buscar proveedores de esta tela en China, la cual encontrarían con facilidad y en grandes cantidades, cosa que para su emprendimiento iba a ser algo necesario porque su visión era grande.

A los 30 días, Christopher recibió un envío con el primer prototipo de la compañía que iba a fabricar sus bolsos en China. Esta compañía ya manufacturaba bolsas para marcas como Nike y Adidas.

Cabe destacar que toda esta negociación se hizo por Whatsapp, desde su casa en New York y sin dominar el idioma nativo de China. Los chinos comerciantes hablan inglés y por supuesto estaban interesados en más ventas, así es como funciona el mundo de los negocios en Asia, todo ellos están buscando americanos a quien venderles.

Christopher construyó un modelo de negocios que no requería que él viajara a China para reunirse con los fabricantes o hacer los pedidos de la materia prima, simplemente enviando un correo electrónico podría estar en contacto con ellos y entenderse perfectamente.

Si ocurría algún inconveniente o imprevisto, podían hacer una llamada en Skype, reunirse de forma inmediata para aclarar todos los puntos y continuar con la manufactura del producto.

Fue así como elaboraron los primeros prototipos de los bolsos para su nueva marca. Estos envíos fueron gratis, los fabricantes estaban sumamente interesados en comenzar el proceso de distribución a nivel mundial, esto se lograría una vez que el emprendimiento de Christopher funcionara a la perfección y en sincronía como un reloj suizo.

Era una especie de ganar-ganar para todos, uno puso la idea, otros la materia prima para la elaboración, otro la maquinaria y poco a poco fue tomando mejor forma el proyecto.

Con la investigación a través de internet, todo resultó más fácil y barato. Chris pudo sacar adelante algo que nunca había imaginado hacer, conectarse con China y crear un producto desde cero.

Claro está, mental y emocionalmente para Christopher no fue tan sencillo como lo estamos describiendo. En sus inicios, Chris tuvo que solicitar prototipos a tres empresas diferentes, la finalidad era saber cuál era la indicada para elaborar su producto, a partir de las propuestas recibidas, calificaría la calidad, versatilidad, resistencia y por supuesto que cumpliera con todos los requisitos que él había descrito, porque eran parte de su propuesta de venta. Todo este proceso requirió tiempo, dinero y esfuerzo.

Aquellos que dicen que un producto exitoso se descubre de la noche a la mañana... claramente nunca han construido una empresa desde cero.

Recuerda, lo primero que hizo Odell fue analizar las necesidades del segmento del mercado a quien iba a dirigir su publicidad, posteriormente encontró el diseño que más se ajustó a esas necesidades.

Después se enfocó en hacer este producto accesible al público y optimizar los canales de venta en línea.

Tuvo que idear los procesos de envío e instalar las formas de pago, afortunadamente encontró dos proveedores que ya habían abierto brecha y estaban en proceso de crecimiento: Shopify y Amazon le facilitan la vida a miles de diginautas por todo el mundo. Están ahí para facilitar la experiencia tanto para usuarios como para vendedores.

Christopher cuenta la historia de sus inicios en un blog y comenta que al principio enviaron bolsos gratis a peleadores profesionales de la UFC, pero que no tuvieron la difusión que esperaban, querían que se convirtieran en embajadores de la marca pero no fue así, hicieron una inversión que les costó miles de dólares y que desafortunadamente no tuvo el retorno esperado.

El objetivo de esa inversión era que los peleadores hablaran de la marca frente a su público, ya fuese en sus perfiles de redes sociales o en algunas entrevistas en radio o televisión. Al final esa acción no obtuvo la total difusión que esperaban.

Excepto por uno de los peleadores, Eddie Bravo, quien es bien reconocido entre el círculo de peleadores de la UFC. "Bravo fue el primer peleador que creyó en nosotros. Pensando en la retrospectiva, debimos haber planeado mejor esa estrategia, seleccionando a los peleadores a detalle. Sabíamos que a Bravo le gustaban los productos hechos de hemp, pero desconocíamos los gustos de los otros peleadores a los que enviamos bolsos." indicó Christopher en la entrevista para ese mismo blog.

En este caso, no a todos los peleadores de la UFC les gustaba este material, por ende no iban a usar un bolso de Datsusara y no porque falta de utilidad, sino porque no era de su agrado.

Esta señal positiva fue el empuje necesario para que él creyera más en sí mismo y tuviera fe en que su proyecto iba a ser exitoso.

Al hablar de sus sentimientos, Odell comenta que cuando comenzó a negociar con asiáticos se sintió nervioso, porque el único método para comunicarse con ellos era mediante correo electrónico y Whatsapp. Una negociación virtual puede hacer que aumente la desconfianza en una relación empresarial, debido a que no tienes frente a ti a la persona con quien estás tratando.

Opciones de "videollamada" como Skype, FaceTime, Zoom o Google Hangouts, por mencionar algunas, pueden ayudarte a disminuir esa desconfianza.

Luego te darás cuenta de que la desconfianza es normal, pero que en internet también hay sitios seguros. Por eso te recomiendo comenzar con una prueba sencilla de prototipos que no sea costosa.

En el caso de Alibaba, sus protocolos de seguridad permiten investigar a sus proveedores, haciendo de la plataforma una guía transparente de quienes son los más honestos y los que cuentan con un alto flujo de ventas y producción. De esa manera, facilita el proceso de encontrar a un mayorista confiable en Asia o en otros continentes del mundo.

Christopher no es el único diginauta que está manufacturando sus productos en Asia para después venderlos en Estados Unidos. Hay un alto número de diginautas que han podido diseñar su propio estilo de vida con la venta automatizada de productos físicos. Con opciones como Fullfillment by Amazon y otros "fulfillers" ni siquiera es necesario almacenar tu propio inventario.

Existen compañías que pueden hacer todo esto por ti. Ya puedes aprovechar todas las herramientas que existen para facilitar tus procesos de venta y distribución por internet, para que al igual que Datsusara, conviertas tu idea en un producto y después en una máquina automática que genere ingresos.

CAPITULO VI

HAZ RENDIR TU DINERO PARA VIVIR UN ESTILO DE VIDA COMO ARTISTA DE HOLLYWOOD

¿EN QUÉ INVIERTES TU DINERO, EN COSAS O EN EXPERIENCIAS?

> **"** *Para conseguir grandes cosas, debemos no sólo actuar, sino también soñar, no solo planear, sino también creer."*
>
> *- Anatole France, Poeta*

En este capítulo me centraré en mostrarte como puedes crear un presupuesto que te permita vivir las experiencias generando ingresos de una manera remota. El dinero es importante, pero nada se compara con vivir experiencias únicas.

En sí, los lujos no son el objetivo, pero tener los recursos económicos necesarios para tener vivencias que te irán llenando más como persona, eso sí es una prioridad. Puedes vivir las experiencias que viven los ultra ricos sin necesariamente haber acumulado tantas riquezas.

Por ejemplo, visitar un lugar que siempre has soñado, aprender algo nuevo, o simplemente hacer aquellas cosas que te has limitado a hacer, no solo por falta de ingresos, sino por falta de tiempo y conocimiento.

Antes de comenzar a planear lo que vas a vender, necesitamos establecer una meta económica que busques alcanzar para poder vivir el estilo de vida que deseas. Por ejemplo, si tu presupuesto mensual para pagar renta, vehículo, placer y ahorros es de $2,000 dólares, la conclusión es que necesitas ganar $67 dólares al día para alcanzar esa meta.

Es aquí donde quiero plantearte cómo pensar en presupuestos para que tengas todo bajo control. No debes ser la persona que más gasta para tener un estilo de vida que siempre has querido, pero tampoco tienes que ser ese ahorrador empedernido que se cohíbe a extremos porque no quiere gastar ni un solo centavo. Como diginauta, el día a día se ve diferente, cada día es único e inigualable y te darás cuenta de esto poco a poco.

El grupo Spectrem está conformado por asesores financieros de los multimillonarios del mundo, que por cierto, han ido incrementando en existencia cada año. Cada uno de sus asesores tiene acceso directo a la cuenta de cada uno de sus clientes, para que el grupo pueda analizar eficazmente los gastos de cada uno de los millonarios que asesoran. En el estudio anual de Spectrem, iniciado a principios del 2017, existen patrones y conductas interesantes al explorar las cosas en las que gastan sus fortunas estos individuos.

El estudio dividió a los multimillonarios en dos grupos. El primer grupo está conformado por millonarios que tienen una riqueza total de entre $1 a $5 millones de dólares, mientras que el segundo grupo es de millonarios con riquezas entre $5 y $25 millones.

El primer grupo está conformado por los "nuevos ricos" quienes en algunos casos son jóvenes de entre 22-30 años. El segundo grupo contiene millonarios de una edad más avanzada, la mayoría entre los 45-70 años. Al analizar los gastos en vacaciones, entretenimiento y "placer", Spectrem se percató que el grupo de mayor edad, gastaba más que los jóvenes en vacaciones (vuelos, hoteles y comidas) y solía hacerlo de manera más frecuente.

Los jóvenes millonarios no estaban dedicando suficiente tiempo para invertir en vivir las experiencias a comparación del otro grupo.

Al ver los resultados del estudio, llegué a la conclusión de que el mayor beneficio que obtienen los multimillonarios de 45-70 años acumulando riquezas es el de usar sus fortunas para dedicarle más tiempo a vivir nuevas experiencias y me pude dar cuenta que ellos en verdad invierten en vivir esos momentos inolvidables.

Entonces, ¿Por qué no adelantarnos y estructurar nuestro estilo de vida para tener vacaciones y disfrutar de entretenimientos desde temprana edad? Ahora es posible obtener los mismos beneficios que obtienen los millonarios con sus fortunas, pero estarás de acuerdo en que no se pueden obtener al estar comprometido a sentarse 8-10 horas diarias en una oficina.

Podrás pensar que mientras más dinero tienes es mejor, pero el diginauta no piensa de esta manera. Más bien el que puede organizar un mejor presupuesto puede disfrutar más de lo que obtiene de ingresos, sin necesidad de excederse y teniendo suficiente tiempo para las recreaciones. Lo que más valora un diginauta es la libertad de tiempo y movilidad, vivir experiencias que te dejen sin aliento, algo que solo la persona fuera de lo ordinario, vive desde una perspectiva económica y razonable.

Creo firmemente que las personas no buscan ser millonarios sólo por tener más dinero, sino que buscan tener dinero para vivir esas experiencias que suelen ser categorizadas como para la "gente adinerada".

Por ejemplo, esquiar en los Alpes Suizos, recorrer el camino de Santiago de Compostela, recorrer la muralla china en motocicleta, visitar ciudades cosmopolitas que tengan grandes atractivos arquitectónicos como París, Roma, Londres y Madrid, o tener un carro deportivo para manejar a toda velocidad. Poder vivir estas experiencias es la consecuencia de tener el dinero suficiente para hacerlo.

Todo esto es posible pero sólo tú eres capaz de proponerte y lograr estos objetivos. Está en ti poder hacer cosas que realmente te hagan sentir bien, nadie más va a trabajar para que cumplas tus metas, todos debemos trabajar para cumplir las nuestras, es necesario ver esto con claridad para tener un norte claro en la vida.

El problema con el estilo de vida convencional de acumular riqueza, radica en que creemos que el retiro es el objetivo de mayor importancia para nuestras vidas. Y a veces ocurre que al momento en que el retiro llega, ya estamos cansados y muchas veces viejos, por lo que no disfrutamos esos días de la manera como habíamos soñado.

También existe la posibilidad de pasarnos toda la vida ahorrando dinero para el momento del retiro y cuando llega el momento, nuestros ahorros no alcanzan para grandes cosas, como ya sabemos, los mercados financieros y las situaciones de la vida se mantienen en constante cambio.

Es por eso que ahora que hablamos de presupuestos, quiero plantearte un nuevo concepto llamado mini retiro que aprendí del libro "The 4 Hour Work Week" de Tim Ferris, su objetivo es que te encuentres contigo mismo y lo que te hace vibrar para que diseñes un sistema basado en ingresos de tu emprendimiento por internet para disfrutarlo; no lo veas como un viaje sabático en el cual podrás ser perezoso y no cumplir con actividades y responsabilidades, usa este tiempo es para observarte y trabajar en lo que verdaderamente te apasiona, vivir alguna experiencia, o hacer un sueño una realidad.

Puedes hacer muchos mini retiros a través de tu vida, lo importante es que cada uno de ellos tenga un propósito en específico, de nada sirve tomarte un tiempo lejos de tu lugar de trabajo si no sacas el debido provecho. Es como tomarte unas vacaciones pero sin alejarte del todo de tus objetivos de crecimiento personal, vas a probar un equilibrio entre la rutina diaria y las nuevas experiencias de solo trabajar estando en un sitio diferente.

Lo importante de estos mini retiros es que los plantees por un lapso de tiempo, que te propongas hacer algo en un periodo determinado para analizar posteriormente qué tanto puedes llegar a hacer en ese tiempo. Por ejemplo, viajar a China durante 6 semanas para aprender un poco de su idioma y, cualquier viaje que organices, asegúrate de que todo lo que hagas sea cuantificable. Quizás te guste este modelo de vida, quizás lo odies, pero tendrás esas 6 semanas para probarlo.

Disfrutar mientras generas ingresos es clave para tu mini retiro. Hay que saber cómo medir ese tiempo en resultados, recuerda, de nada vale que te vayas lejos de tu trabajo convencional y no produzcas nada, debes tener un propósito. Ese sitio nuevo debe ofrecerte algo.

Es un ganar-ganar, donde personalmente haya algo que mejore para ti y para tu vida. Una experiencia que te deje realmente algo bueno. Por ejemplo, específicamente el viaje a China, te dejará la experiencia de conocer una nueva cultura y su idioma, enriquecerá tus aprendizajes de esta forma, es allí en lo que va a ser distinto cada mini retiro.

Un mini retiro también va a ser una forma de mostrarte las capacidades de un diginauta. Vas a cumplir un sueño, quizás siempre habías querido viajar a un lugar exótico, pero no habías tenido la oportunidad de hacerlo por el simple hecho de que tu empleo te restringía y ahora tomándote un tiempo para esto puedes vivir esta experiencia para darte una idea de cómo es el trabajo remoto.

Es probar un poco lo que muchos hacen y que te da temor hacer, ya sea, por tus objetivos anteriores o simplemente por la manera en la que has venido manejando tu vida, de cualquier modo, vas a ir comprobando tu verdadero potencial.

La primer pregunta (también la más común) ¿Cómo puedes lograr un mini retiro si cuesta mucho dinero? Aquí volvemos al principio del capítulo cuando te comentábamos sobre las experiencias y los gastos, no necesitas de un presupuesto muy elevado para vivir experiencias únicas, un mini retiro no tiene por qué costarte millones de dólares.

Existen muchas ciudades que ofrecen alojamiento y comida por el simple hecho de prestar tus servicios, o si no quieres trabajar para ellos, también existe la posibilidad de que tú mismo puedas costear los gastos, ya que, son relativamente bajos. No necesariamente debes gastarte todos tus ahorros tampoco, he allí la experiencia inigualable de hacerlo en base a generar ingresos por internet.

Vamos ahora a tomar cartas en el asunto sobre cómo vivir un mini retiro y cómo lo puedes llevar a cabo. Lo primero que debes pensar es en por qué quieres vivir esta experiencia. Debes descubrir el motivo que existe detrás de esta decisión, qué te va a dejar a ti como persona y en el beneficio que vas a obtener de todo eso.

No es válido decir que quieres vivir un mini retiro porque estás cansado de tu empleo actual, y la razón es ésta, de llegar a estarlo, buscarías un nuevo trabajo y allí tendrías otra oportunidad laboral.

Esto es completamente diferente, el motivo del mini retiro podría ser aprender algo nuevo, vivir una experiencia única, o simplemente conocer ese lugar del que siempre has escuchado hablar, ya sea por su gente, por su arquitectura, por su cultura o por las experiencias que ese lugar ofrece.

Otro factor importante que debes revisar antes de un mini retiro es el tiempo o la duración de tu mini retiro. Afirmar en qué tiempo harás las cosas va a hacer más sencillo todo.

Por ejemplo, una persona que quiera aprender a bailar tango en Argentina va a tomarse ocho semanas para hacerlo. Sabe que durante ese tiempo debe aprender a bailar tango, sino su mini retiro no fue provechoso y allí tendría que reestructurar lo que hizo hasta ese momento; el objetivo sigue siendo trazarse la meta de manera cuantificable y medible para así saber los resultados.

Ahora, en lo que nos vamos a enfocar, es en el presupuesto. Como segundo paso en tu planeación de un mini-retiro debes presupuestar cuánto vas a gastar durante el tiempo de tu mini retiro. Teniendo tus gastos claros, vas a estar listo para planear cuántos ingresos debes generar a diario y así cubrir completamente tus gastos.

Estarás de acuerdo conmigo, de que tampoco se trata de que te quedes sin dinero en un sitio lejos de tu casa. Es necesario hacer una lista y registrar cada actividad que planeas realizar, cada comida que comprarás y cada experiencia que vivirás, es un poco parecido a la administración de una casa, debes saber cuánto gastarías para que nunca falten alimentos, pago de utilidades o pago de renta.

Entonces, hay que planear el tiempo que te tomará tu mini retiro, este puede ser desde días hasta meses, está en ti saber cuánto tiempo quieres aprovechar y qué harás durante ese periodo.

Luego vas a calcular un estimado de los gastos diarios que tendrás, alojamiento, comida, transporte, entrada a sitios emblemáticos de esa ciudad, entre otros, esto te va a ayudar a no gastar demás y también a no quedarte sin dinero.

Ahora, vamos a hacer un pequeño paréntesis, porque ya estoy escuchando las quejas de aquellos que no tienen el tiempo para tomarse un mini retiro, porque están llenos de responsabilidades (familia, etc.) En este caso, todo este ejercicio pueden aprovecharlo para agregar en una lista todos sus gastos para después dividirlo entre 30 y analizar cuánto tendrían que generar al día para poder pagar esos gastos. Bueno, resumamos el tema del mini retiro.

Sitios en internet como www.expatistan.com te ayudarán a definir cuánto cuesta vivir en ciertos lugares alrededor del mundo. También puedes buscar en www.craigslist.org, www.airbnb.com u otros sitios de clasificados para ver cuánto te costaría la renta de un apartamento o de un cuarto en el lugar que tienes pensado vivir tu mini retiro.

Como diginauta deberás dedicar tiempo de estudio en internet para descifrar cuál será tu costo diario de vivienda. No olvides incluir el costo de la comida, la aseguranza médica si la tienes y actividades de placer o cursos que te gustaría tomar en el extranjero.

Debes tener un total de tus gastos de viaje y con esto nos referimos a que debes saber si vas a quedarte en una sola ubicación o te vas a mover a otra durante ese tiempo y cuanto te va a costar. Quizá no es tu estilo andar de una lado a otro, para algunas personas viajar a otro país significa conocer varias zonas, es algo como hacer turismo pero de una manera más consciente y razonable.

Luego de tener tus gastos totales, debes sumarle el 30% de ese monto total, esto con el fin de que tengas un pequeño ahorro por si ocurre algún imprevisto. Todos somos humanos y nunca está demás tener un monto extra que respalde nuestras acciones. No puedes tampoco olvidar cualquier gasto que aun tengas que cubrir en tu casa antes de empezar a viajar.

Voy a plantearte otro ejemplo para que lo veas con más claridad. Supongamos que planeaste viajar a Barcelona y te quedarás ahí seis meses, esto con la finalidad de aprender a bailar flamenco. Tienes un automóvil en casa y debes guardarlo en un estacionamiento público o en alguna cochera de un conocido o familiar.

Puede que esto te cueste unos $100 al mes aproximadamente, estos serían los gastos que vas a tener corriendo en tu país natal y deben de ser pagados e incluidos en el gasto del viaje. Luego de hacer tus presupuestos, llegaste a la conclusión que te va a costar $1000 mensuales estar en esa ciudad durante los seis meses de tu viaje, a esto le sumas $1000 que te costaría el boleto aéreo ida y vuelta hasta esa ciudad, dando un total de $7600 ($600 del estacionamiento, $1000 del vuelo, $6000 de los gastos de vivienda).

A esto, como te comentamos anteriormente, debemos sumarle el 30% y puedes hacerlo de una manera muy sencilla, multiplica tu total de $7600 por 1.3 que te dará un total de $9880.

Para poder obtener una idea del gasto diario que tendrás, dividimos el total entre seis, los cuales serán los meses que estarás en Barcelona, dándote $1646.66 al mes. Este resultado lo dividimos entre 30, que son los días del mes, arrojando $54.88. Siendo esto lo que necesitarás generar por internet diariamente para vivir tu mini retiro en Barcelona por seis meses.

Al hacer este cálculo sabrás perfectamente cuanto gastarás durante tu estadía en Barcelona por los seis meses que te lo estás proponiendo.

Planeando un mini retiro (o varios al año) tu vida cambiará por completo, ya no serás la misma persona que eras antes porque aprenderás a que las experiencias que antes veías tan lejanas están a tan solo X cantidad de ingresos al día. Vivirás experiencias únicas que no habías podido vivir, no debes olvidarte de una buena administración, la felicidad de tu mini retiro puede acabar en un abrir y cerrar de ojos.

Queremos que tengas los más factores posibles bajo control y puedas así vivir una vida llena de mini retiros con determinación y constancia pero también con organización para que todo te salga bien.

No es necesario ganar dinero para solamente comprar cosas, a veces la motivación es vivir experiencias que vayan elevando tu nivel como persona, que te vayas enriqueciendo internamente, que tu ser vaya llenándose de cosas que no son tangibles pero que tú sabes son ricas para tu existencia.

Nada en la vida se compara con las experiencias, no se les puede poner absolutamente ningún precio, porque son únicas y auténticas. Tienes el poder de lograr un estilo de vida que te llene de momentos inigualables y no necesitas esperarte toda una vida para retirarte y poder vivirlos.

Con todo este esquema no te queremos privar del sentimiento de felicidad al adquirir objetos materiales, porque puede que para ti sea una experiencia única el poder manejar un Ferrari, tal vez el ser dueño de uno siempre ha sido tu sueño. Tú defines tu objetivo, simplemente tendrías que agregar el gasto mensual de pagar el arrendamiento de un automóvil de ese calibre a tu monto total por mes.

Traza metas que puedas ir cumpliendo y que a la vez te vayan manteniendo motivado para evitar ese fracaso mental, de allí viene lo medible y cuantificable.

Como para muchos un Ferrari es un sueño para otros el pasear a caballos también lo es y por situaciones adversas no lo han podido hacer. Quiero que adquieras esta visión, que puedes alcanzarlo pero trazando metas reales y que trabajes sin distracciones para lograrlo.

Y al fin y al cabo ya sea tangible o no tu objetivo, debes centrarte en la experiencia que esto te va a brindar, puede que sea algo costoso pero debes obtener una sustancia para tu ser, que te llene realmente. Si es conducir un automóvil lujoso que sea para vivir la adrenalina de acelerar a toda marcha, es eso, experiencias únicas que no podrás conseguir en ningún otro lado. Estos mini retiros no son viajes sabáticos o de lujo, son viajes con propósitos.

En realidad este ejercicio es el equivalente de ver hacia las estrellas y que como diginauta zarpes hacia ellas, que apuntes cada vez más alto y no tengas miedo a atreverte a hacer absolutamente nada en el mundo.

Y que cada cosa que hagas, sea con un propósito, que te lleve a vivir una experiencia que nunca imaginaste fuera posible. Ahora, al aprender a generar ingresos desde cualquier parte del mundo y vivir bajo tus propios términos, será totalmente posible.

CAPITULO VII

LA RAZÓN POR LA CUAL NO LOGRAS NADA SIGNIFICATIVO EN TU VIDA. (NO ES LA QUE PIENSAS)

¿CUÁNTO TIEMPO MÁS CREES QUE PODRÁS SEGUIR MOTIVADO SIGUIENDO ALGO QUE NO TE APASIONA?

> *Ca*da *gran sueño comienza con un soña*dor. *Recuer*da *siempre, tienes*
> d*entro d*e *ti la fuerza, la paciencia y la pasión para alcanzar las estrellas*
> *y cambiar el mun*do.*"*

- Harriet Tubman, Revolucionaria

Para nada es bueno quedarse atrapado pensando en lo que se pudo haber logrado y no ocurrió por alguna razón, debes seguir y alcanzar nuevos sueños que te llevan a donde siempre has querido estar. El arrepentimiento es el obstáculo número uno al momento de pensar en las cosas que uno pudo hacer (y que nunca hizo). Si buscas evidencia tangible, te sugiero que le preguntes a cualquier residente viviendo en un asilo de las cosas que se arrepienten de no haber hecho.

La mejor opción antes de comenzar a planear todo lo que harás en cuanto a tu nuevo estilo de vida es realizar un mapa de sueños y metas, donde coloques las metas que vas a querer alcanzar en un periodo de tiempo que tú te propongas, ya sea, a corto, mediano o largo plazo. Estas metas que posiciones en tu mapa de vida deben ser grandes.

Muchos dicen, piensa en grande y serás grande, en muchos caso no están equivocados. Debes soñar en grande para planear en grande y así lograr cosas grandes. Como diginauta, lo peor que puedes hacer comenzando tu nuevo estilo de vida es trazarte metas mediocres. Otro grave error es trazarte metas ambiguas, esto es riesgoso porque no existe una definición concisa y por ende no existe una manera precisa de llegar a cumplirla.

La mejor manera de recordar tus sueños más profundos, es remontarse a cuando tenías 8 o 10 años, que todo parecía alcanzable. La verdadera razón por la cual sirve regresar a ese momento de tu vida cuando todo parecía alcanzable es porque TODO ESO SI es alcanzable, puedes lograr cualquier meta que te propongas sabiendo trazar y accionando continuamente para que se vuelvan realidad.

Siempre debes mirar más allá de tus propios ojos, en el universo de diginautas, el cielo no es el límite. Debes confiar en que tú eres capaz de lograr cosas increíbles y así tus sueños se irán realizando en tu vida.

De antemano te digo, no pierdas tu tiempo planeando metas pequeñas, va a ser una forma errada de comenzar a planificar tu nuevo futuro. ¿Cómo vas a lograr vivir a lo grande si te trazas cosas pequeñas que no van acorde con lo que harás? ¿Cómo llegarás a vivir en los lugares que siempre soñaste si no sueñas con ellos desde el principio? ¿Cómo obtendrás los altos ingresos que te imaginas si nunca trazas los detalles en tu mente?

Nunca percibas algo como inalcanzable, todo se puede lograr, nada está exento de ser tocado por ti. Tú tienes el poder de conseguir eso que has anhelado por mucho tiempo, quizás siempre lo has querido, pero a veces nuestra mentalidad limitante no nos deja alcanzar nuestros sueños.

Honestamente no te culpo, la cultura latinoamericana tradicional te va a llevar a apuntar a cosas pequeñas, a pensar en pequeño. Observa con atención a la mayoría de los latinos que siempre piensan en tener un trabajo promedio, en una empresa promedio para así ganar un sueldo promedio.

Esto es muy común en los países de América del Sur, ha sido algo que ha marcado la cultura sudamericana desde el principio de nuestras eras. Pero sabemos que tú no eres así, tú tienes otra visión, quieres formar parte de algo más grande que un sueldo mínimo y una oficina en cualquier compañía.

Para lograrlo debes dejar estos pensamientos mediocres atrás, fijar tus objetivos lo más alto que puedas, no importa si una meta te parece muy grande o inalcanzable, afianzar tus conocimientos y tu fuerza de voluntad te ayudarán a lograrlo.

El empleo que tienes actualmente es como un hueco donde te sientes ahogado y ahora que estás consciente que debes escaparte, ten la confianza de que puedes hacerlo.

Yo nunca me he sentido parte de la población de personas promedio y seguramente tú tampoco te sientes parte de ellos, entonces ¿Por qué seguir actuando como ellos?

Pocos se animan a visualizar metas grandes, estas metas pueden ser económicas o personales, pero quizá por temor, por factor tiempo, o simplemente por sentirse incómodos y no pueden ir más allá y se quedan cortos ante sus ideas.

Esto es lo que te hace diferente de los demás, te permite formar parte de un grupo visionario que tiene unas metas increíbles y que trabajan diariamente para materializarlas. Son inalcanzables para aquellos que nunca se han puesto el reto de pensar en grande, pero tú eres parte del puñado de hombres y mujeres para los cuales sus metas son bastante creíbles.

No te asustes, nada de esto es malo, al contrario, te darás cuenta de que todo sucede en su justo momento y este es el tuyo.

Estratégicamente está a tu favor trazarte metas increíbles porque existen menos factores en tu contra cuando tienes niveles más altos de lo normal, en cuanto a objetivos.

El ciudadano común suele competir a niveles de conciencia comunes. Sus metas son bastante promedio, quieren tener un empleo seguro por el resto de sus vidas y llegar al retiro con su casa pagada para estar viviendo de su pensión. Tristemente muchos de ellos no llegan a estar cerca de estos resultados. En realidad se les va a dificultar aún más cumplir con esos objetivos a causa de la gran competencia y la sobresaturación de metas comunes.

Podemos apreciar el mismo fenómeno en cuanto a métodos de transporte urbano. El tráfico de vehículos que ves a diario va disminuyendo conforme te vas elevando a un plano más alto. ¿A qué nos referimos con esto?

En las calles de cualquier ciudad metropolitana en el mundo encontrarás millares de automóviles, haciendo imposible el moverse de manera fluida de un lugar a otro durante las horas pico.

Un "nivel más arriba" en cuestión de movilidad, existen los monorrieles, donde se transportan centenares de ciudadanos todos los días y logran evitar embotellamientos, accidentes y semáforos inservibles. Muchos de los que navegan en monorrieles tienen más tiempo de trabajar en sus laptops y celulares mientras los vagones van en movimiento. Suele ser menos competitivo el desplazarse en la ciudad yendo en un monorriel, pero aún en ese plano tiende a haber tráfico al tratar de subir y bajar para tomar tu asiento.

Los que se mueven en helicópteros nunca tienen el problema de tener que esperar en el tráfico, compitiendo con todos los ciudadanos comunes. A esa altura ellos son los dueños del espacio aéreo y pueden moverse de un lado de la ciudad al otro en minutos, quizá en segundos.

La lección aquí es; Traza metas que sean más como helicópteros y menos como automóviles.

Cada sueño suele estar acompañado de una causa y a su vez de una motivación, cuando nos encontramos con que la causa no es suficiente como para incitar nuestra motivación y es allí cuando llega la frustración.

Winston Churchill, conocido por su liderazgo como Primer Ministro de Gran Bretaña durante la Segunda Guerra mundial, dijo "El éxito no es definitivo, el fracaso no es fatal: lo que cuenta es el coraje para continuar." al hablar acerca de cómo tuvo que continuar combatiendo en contra de Adolfo Hitler y los Nazis.

El coraje para continuar es la base del éxito y otra de las razones para tomar el camino menos transitado.

No dejes que la frustración te ahogue y haga de ti una persona que no eres, mantén el pensamiento en tu mente que eres exitoso y que logras todo lo que te propones.

Cada vez que piensas en una de tus metas hazlo con un entusiasmo que no puedas contener, para que al momento de trabajar por ellas encuentres dentro de ti fuerza e ímpetu de un tamaño que jamás pensarías que estaban dentro de ti.

Te vas a sorprender de lo que eres capaz de hacer al pensar de esta manera, esa causa de tamaño incalculable va a hacer que tú dejes de pensar en ganar $100 o $200 dólares a la semana sino en ganar $1,000 o $2,000 dólares. Eventualmente si continuas así será sencillo dar el brinco y comenzar a ganar $10,000 o $20,000 dólares a la semana.

No escribas un libro, sino una serie de libros que lleven tu sello. No pienses en construir una empresa pequeña sino una trasnacional. No pintes un cuadro, sino una colección completa, porque si es lo que te apasiona, no habrá límites.

El trazarte metas increíbles va a tocar fibras sensibles en tu interior, hará que busques cosas dentro de ti que jamás pensaste que podían existir, te sorprenderán los resultados que brinda el pensar en grande.

Imagina no solo aprender un nuevo idioma por internet, sino viajar hasta donde es nativo ese idioma y aprender de su cultura y de su gente los vocablos que usan diariamente.

Al pensar en grande quizás vas a ver como tu familia o amigos empiezan a comentar que esto que has soñado y estás logrando, es una locura. ¡Esos comentarios son justo lo que necesitas!

Que los comentarios negativos y de escepticismo sean el combustible que impulsa tus acciones diarias. Porque más van a valer más tus ganas de lograr algo, que lo que opinen de ese algo, porque tú sabes que es posible, que si lo puedes lograr y la fe mueve montañas.

Solo aquellas personas con la mente en cosas suficientemente altas son las que van a ser capaces de lograr lo que te propongo en este libro.

Tú eres de esas mentes brillantes, que no miran hacia el pasado sino hacia un futuro, pero no a un futuro lejano, para ti el futuro es lo que te está sucediendo ahora.

Ten presente algo, casi nadie se anima a subir tan alto y a ver el cielo como el siguiente nivel, para la mayoría el cielo, es el límite.

Deja de enfocarte en, ¿Qué puedo alcanzar con mis conocimientos?

O ¿Cuáles son mis metas? Y mejor hazlo en, ¿Qué es lo que realmente me apasiona? O ¿Qué es algo que nunca creí posible pero que me encantaría vivir?

El responder esta última pregunta de manera honesta te abrirá la puerta hacia una nueva vida que quizá nunca imaginaste posible. Debes creer que existe y está empezando a suceder en este mismo instante.

IMPACTANDO VIDAS CON JAFF FOUNDATION

HANNA JAFF

Si un árbol cae en medio del bosque y no hay nadie ahí para escucharlo, ¿Crees que hizo algún sonido?

En muchas ocasiones existen innumerables emprendedores, negocios, empresas y organizaciones que están haciendo lo propio para tener impacto social en la comunidad donde se desarrollan, pero siguen sin tener presencia en internet.

¿Qué causa esta ausencia? Puede ser que las redes sociales o medios digitales que son herramientas principales de difusión masiva a nivel mundial, no han sido descubiertas por ellos o no han tomado el significado y valor que tienen para otras personas.

Así es como Hanna Jaff, toma su entorno digital muy en serio y lo convierte en su aliado sin medida.

Esta emprendedora ha pasado por varias etapas, no muy diferentes a las de todos nosotros, pero sí con ciertas diferencias que ha tomado a su favor para sacar el mayor provecho de esto.

Pasó de niña a mujer, como cualquier otra, pero de mujer a activista mundial, defendiendo derechos de muchos, basándose en la filantropía, de activista se convirtió en político y no cualquier político, sino que es considerada una de las más jóvenes con mayor potencial en México.

Usando sus redes sociales en los últimos años, ha contado su historia de una manera muy dinámica y encantadora, quienes han tenido la oportunidad de conocerla, saben que no duda cuando se trata de ayudar.

Hace unos años, tomó la decisión de mudarse a México, su madre es mexicana y la mayoría de sus parientes maternos viven en el país azteca, sin embargo, Jaff residía en Estados Unidos con sus padres, así fue como le inculcaron una cultura de amor por el prójimo impresionante.

Su padre, de origen kurdo, siempre la ha impulsado a ir a donde sus sueños la lleven, Hanna dice que cuando decidió partir a México sabía que podía ayudar más en ese país que en Estados Unidos y si por algún motivo fracasaba, podría regresar con la fiel convicción de que hizo todo lo posible para tenderle una mano a un país que siente tan suyo, gracias a sus raíces.

Esto nos lleva a la siguiente pregunta, ¿Qué hubiera sido de las ideas de esta increíble mujer sino las hacía saber en un medio tan importante como lo son las redes sociales en el siglo XXI?

Hanna siempre lo supo, debía contar su historia y sus ideas de la forma más natural posible, para que todos aquellos que estuvieran cerca, vieran el potencial que ella exponía en cada idea que daba.

Actualmente, tiene más de 150 mil seguidores en Instagram, lo que sin duda alguna se entiende por ser una activista en este medio digital, no los ha alcanzado de una manera arrogante o consumista, sino por compartir su vida de una manera clara, contando su día a día sin censura, haciendo de su imagen algo limpio y transparente.

Hanna, es presidenta de la Fundación Jaff, desde donde apoya con actividades increíbles a nivel mundial, donaciones de juguetes a niños de bajos recursos, comida para los afectados en desastres naturales en México, becas para jóvenes, eventos sobre la lucha contra la violencia de género, entrega de miles de ejemplares de sus 4 libros, 3 para aprender inglés especialmente creados para hispanohablantes.

Y no es solamente eso, también imparte un sinfín de conferencias y charlas que generan un cambio notorio para su comunidad, una comunidad que ha construido con los principales valores que les fueron inculcados, con entrega, pasión, muchísima disciplina, pero sobretodo, con mucha constancia en lo que hace.

Jaff, siempre ha seguido sus sueños, pero no olvidó de su formación académica, sabía que esto era fundamental para seguir siempre adelante y ayudar a los demás.

Posee una Maestría en Artes Liberales en Relaciones Internacionales por la Universidad de Harvard, universidad que sin duda alguna, es catalogada como una de las mejores del mundo, también es Licenciada en psicología y por supuesto, estudió Ciencias Políticas y Criminología en la Universidad Nacional de San Diego.

Cuenta a su vez con innumerables diplomados que la certifican como una joven emprendedora, pero principalmente como una mujer preparada para las situaciones a las que se enfrenta a diario.

Hanna en el 2013, se convirtió en ese enlace clave entre la comunidad kurda y los mexicanos, al realizar el primer Festival Kurdo en México, ayudando a esta comunidad a ser verdaderamente importante para los latinos, además de dar a conocerla en esta parte del continente.

Su vida política ha sido algo imposible de olvidar, fue candidata a diputada federal por el principio de representación proporcional a la LXIII Legislatura, de 2015 a 2018 y esto es una pequeña parte de lo que ha significado para la política mexicana.

Es una mujer altamente comprometida con la filantropía y con México, no olvida jamás sus raíces y de donde proviene.

Ha dictado conferencias importantes a nivel mundial, haciendo de su compromiso por la labor social, algo verdaderamente apasionante, lo que habla por sí sólo de Hanna y un legado que ha estado dejando poco a poco con su trayectoria.

En cada una de sus publicaciones es evidente la entrega y humildad de esta gran mujer, sin miedo a seguir sus principios, diciendo lo que realmente piensa. sintiéndose orgullosa de lo que hace y ha logrado con su voz a nivel mundial.

Esto, aunado al buen uso de las redes sociales y lo que comparte en cada publicación, mostrándose tal cual es, con errores, virtudes y verdades, es el motor que nos lleva muy lejos en este mar digital, que a veces es bastante turbulento.

Hanna, cuenta su historia desde un punto de humildad extremadamente agradable, lo que da una seria confianza a quienes la conocen, ella es un ser que atrapa con su carisma y su amabilidad, son sus principales virtudes para poder involucrarse en causas espectaculares.

Ha ayudado a personas con cáncer, faltantes de hogar, a los que no saben a quién acudir en una situación difícil, entre otras situaciones y todo esto no habría sido posible sin la ayuda de las plataformas digitales, que la han mostrado tal cual es, sin tabús y siendo un espejo para los muchos que la siguen.

Ella toma sus labores sociales muy en serio, es algo que sin duda le apasiona, su vocación por ayudar va más allá de lo que cualquier red social se pueda ver y no es su estilo mostrar cada cosa que hace para que quienes la siguen agradezcan, al contrario, lo muestra para que se sumen más personas a su hermosa labor diaria.

Son miles y miles los que forman parte de la fundación Jaff hoy en día, en más de 18 estados de la República mexicana, ésta emprendedora ha dejado siempre en claro que su meta más preciada, es poder llevar la fundación a todo los estados de México y contribuir con todo lo que pueda.

Siempre está dispuesta a aportar algo a la sociedad, cuando le comentamos que queríamos contar su historia de éxito en este libro, se emocionó y se mantuvo atenta durante todo momento, siendo muy amena en cada pregunta que se nos venía a la mente para que conocieras un poco de su historia, quisimos ir un poco más allá y le preguntamos sobre los consejos que le daría a un nuevo emprendedor y cómo podría enfrentar una situación que se le presente.

A lo que ella respondió que existen miles de consejos que se le pueden dar a alguien que está apunto de emprender, pero que hay cosas claves que no se pueden olvidar y lo primero es creer en sí mismo, en sus sueños y enfocarse en lo que realmente se quiere alcanzar.

De allí van a partir nuestras premisas, como lo hemos dicho, siempre debemos caminar hacia un norte fijo y Hanna también te lo comenta, además recalcó, si piensas que puedes hacerlo, entonces triunfarás y encontrarás la manera de superar los obstáculos, tengan la magnitud que sea, pero si no lo crees, sólo te encontrarás con excusas que te retrasarán, hasta para tomes la decisión de iniciar.

Hanna piensa que hay que tener un desafío todos los días, creyendo en que siempre podemos ir más allá, sólo hay que encontrar esa motivación diaria que nos lleve a aprender de nosotros mismos.

Todo está en creer y saber que si podemos lograrlo, dice Jaff, para creer hay que trabajar en lo que queremos, movernos por esa meta, por ese sueño, por nosotros, para estar satisfechos con la vida, debemos buscar lo que realmente nos apasiona.

Siempre existirán los miedos, pero saber afrontarlos es la magia de todo, el correr riesgos, te hará saber lo que se puede lograr con tus propios esfuerzos, indica Hanna.

El fracaso va a ser una ventana hacia un nuevo camino, lleno de retos y riesgos, lo peor es pensar en que nunca intentamos algo que hemos querido hacer, tal como lo explica esta emprendedora en sus palabras.

También quisimos indagar sobre cómo se mantiene motivada en su emprendimiento y cómo puede motivar a otros emprendedores, a lo que respondió: "Podría decirse que en esta vida son muchos los factores que me motivan. Sin embargo, los más importantes son alcanzar y realizar mis metas."

Nunca ha perdido su norte y se nota al conversar con ella, una mujer llena de fuerza y constancia, un ejemplo de que cuando estamos decididos a hacer algo, podemos lograrlo.

Ella nos comenta que la oportunidad que se le dio para aportar un grano de arena al sector menos favorecido, ha sido algo muy gratificante para su trabajo y que la ha llenado constantemente de alegrías.

Su vocación es servir a los demás y buscar una ayuda para ellos, una salida a lo que les preocupa, eso la llena de felicidad todos los días, su propósito es mostrarles que cada uno de ellos tiene un valor incalculable y que eso los hace especiales.

Jaff, no deja de asombrarnos en cada cosa que hace, en cada respuesta, su humildad y amabilidad es algo que rebasa cualquier barrera, quisimos indagar un poco en lo que ella invierte, como maneja sus finanzas y como recoge frutos de esto.

Hicimos referencia a su mejor inversión con $50 o menos y nos comentó que cada mes dona una cantidad de dinero, son diferentes causas en países alrededor del mundo, pero que sin duda alguna, una de sus mejores inversiones con esta cantidad de dinero fue un día que unos niños se le acercaron y le pidieron dinero, pero ella en vez de entregar ese dinero, decidió comprarles comida en la que se incluía un juguete, algo bastante preciado para un niño.

Ella no podía creer la cara de los pequeños con este pequeño gesto, "Sin duda alguna, el haber sido capaz de generar esa sonrisa en ellos, fue de las mejores inversiones que he hecho a lo largo de mi carrera" comentó Hanna, es hacer lo que nos apasiona, lo que nos llena el alma y no ponemos en tela de juicio que para esta grandiosa mujer, servir es lo que la hace mejor persona.

Nació con un don de servicio, dotada de humildad, sencillez, entre otras virtudes y al igual que nosotros, en alguna ocasión hemos seguido y admirado a alguien, ella también lo hace y esto es lo que nos comparte:

"A lo largo de los años, he tenido la fortuna de conocer mucha gente y me siento afortunada de conocer a dos jóvenes emprendedores, que además de ser fuertes activistas en la fundación que represento, también son grandes personas y son mis amigos." Recalcó Jaff.

Haciendo referencia a Jersahin Cástulo, originario de Morelia, Michoacán y Alejandro Díaz, de San Luis Potosí, SLP. Dos jóvenes que con su entrega única tienen un amor por la naturaleza de manera increíble, aportando a sus estados un valor agregado del servicio que Hanna ha llevado en el corazón siempre.

Con esto, Hanna nos da una visión bastante clara de lo que se puede lograr dentro de una sociedad que tiene visto el emprendimiento como algo que únicamente genera ingresos monetarios.

Jaff genera ingresos de valor humano todos los días con sus estrategias de servicio, si bien es cierto, existen grandes retos para este tipo de emprendimiento que debemos tener presentes; se debe buscar un modelo rentable, que consiga ese equilibrio entre las estrategias de negocios y el impacto social que tenga para quienes nos rodean.

Se deben generar recursos, porque como cualquier empresa esta debe contribuir de una u otra forma con la sociedad, debemos involucrar a personas que tengan la misma vocación para esto que nosotros, rodearnos de personas humanas y gentiles, haciendo uso de las tecnologías de manera racional, que sean utilizadas a nuestro favor y que comiencen a tomarse en serio.

Hanna Jaff es un claro ejemplo de que cuando nos proponemos una meta debemos cumplirla sin importar cuánto nos cueste, debemos tener los pies sobre la tierra, saber que podemos fracasar, pero que las ganas y la convicción de que lograremos cosas inimaginables nos va a llevar más allá que cualquier otra.

Ella se visualizó siempre ayudando a las personas y esto la llevó a lograrlo, imaginarse frente al Presidente de la república mexicana, Enrique Peña Nieto, fue algo que Hanna siempre tuvo en mente y trabajó para ello, logrando así una aceptación verdaderamente grande.

Difundir todo por las redes sociales es algo que no se puede dejar de lado, es hacer eco de lo que hacemos y de esta forma llevaremos un mensaje claro y conciso a quienes queremos. El internet en estos tiempos puede llegar a ser nuestro mejor aliado, hagamos de esto algo único.

CAPITULO VIII

UN SIMPLE AJUSTE: TRABAJA MENOS Y GANA MÁS

¿CUÁL SERÍA EL SUEÑO QUE LOGRARLO TE CAUSE MAYOR SATISFACCIÓN?

> ** " ** *La riqueza consiste mucho más en disfrutar, que en la posesión."*

> *- Aristóteles, Filósofo*

¿Cuántas veces has sentido que te asfixias en tu sitio de trabajo? Seguramente más de las que quisieras recordar. No sólo por tus compañeros de trabajo, sino también, por el horario rígido y los días que se vuelven interminables cuando terminas tus labores pero igual debes esperar a la hora de salida para poder retirarte.

Cuando esto sucede porque no te sientes a gusto con lo que estás haciendo y tu zona de confort pasa a ser una rutina que va agotando tu vida día tras día, semana tras semana y en ocasiones mes tras mes.

Cuando tus fuerzas para seguir adelante se agotan, tus metas y sueños se van extinguiendo.

En este libro te quiero introducir a un estilo de vida donde tú puedas organizar tu tiempo minimizando esfuerzos.

De nada sirve tener un buen ingreso pero durar trabajando de cuarenta a sesenta horas semanales y que no puedas hacer nada de lo que siempre has querido hacer, ya sea, por falta de tiempo o simplemente estar cansado de tus actividades laborales.

Quiero que aprendas a manejar todos los recursos que tienes a tu alcance para que así empieces a disfrutar de tu vida, conocer nuevas personas, hasta poder viajar a lugares que siempre has querido visitar pero que no has tenido la oportunidad por el factor tiempo.

El propósito principal de este libro es tener tiempo libre y que obtengas la movilidad que te brinda el tener un negocio en internet.

Olvídate de la idea de que para que tu negocio sea exitoso debes estar en una oficina durante miles y miles de horas, al contrario, lo que hace exitoso un negocio es disfrutar los resultados que vienen del ingreso, así que no te encapsules en esa mentalidad.

El objetivo es ver las cosas desde una perspectiva diferente, de ahora en adelante tú vas a manejar tu tiempo para lograr cosas que jamás imaginaste.

Los negocios que usan oficinas dentro de su operación están en una modalidad que desafortunadamente para ellos, está quedando obsoleta. Basta con preguntarles a los cientos de miles de diginautas a nivel mundial que trabajan desde la cafetería o el coworking más cercano.

Imagínate trabajar desde cualquier parte del mundo y administrar todo un equipo de trabajo a través de una herramienta web.

Es algo que suena un poco inalcanzable pero para un diginauta este es el día a día. Puedes estar al otro lado del mundo sin perder comunicación con tu equipo de trabajo y estar disfrutando de lugares espectaculares, esto es posible y por eso queremos que te conviertas en uno de nosotros.

Ya es hora de dejar de hacer lo que hacías antes, estas maneras tradicionales de trabajar están quedando en el pasado, no debes aferrarte a eso, quizá a grandes empresarios alrededor del mundo les dio resultados, pero debemos revisar el año en el que ellos fundaron sus compañías.

Eran años en los que los avances tecnológicos estaban comenzando a emerger y no había una manera diferente de trabajar a distancia, la tecnología evolucionó hasta el siglo XXI y fue cuando se convirtió en una era digital, en la que ya no importa dónde nos encontremos porque con el simple hecho de tener un dispositivo conectado a internet, tenemos el mundo en nuestras manos.

Comprendamos algo, para tener tiempo libre debes aprender a automatizar las cosas, no es necesario estar las 24 horas del día en un ordenador para estar trabajando, comprender esto te va a dar tiempo libre, algo que todo diginauta considera más valioso que el dinero.

El otro tema importante es el de la movilidad, como diginauta no necesitarás estar durante horas en un mismo sitio, gracias a que, al estar conectado desde una laptop o un dispositivo móvil vas a tener control total sin estar atado a un escritorio.

Después de haber tocado los temas del tiempo y la movilidad, hablemos de tus ingresos y su relación con las horas que inviertes trabajando.

Creo firmemente que una persona que trabaja 10 horas a la semana y genera $10.000 dólares es mucho más rica que una que trabaja 80 horas a la semana y produce $100.000 dólares.

Esto tal vez suena contradictorio a la forma en que tus abuelos o tus padres veían el trabajo y los ingresos, en su vida cotidiana, el objetivo era trabajar el mayor tiempo posible para generar "altos ingresos."

Ok, está bien, puede que le funcione a algunas personas, pero tarde o temprano terminan siendo esclavos del tiempo y sobre todo, va agotando la energía y la motivación para continuar el día a día.

Quizá ya te lo he repetido unas 100 veces, pero es que esta filosofía va a marcar un antes y un después en tu modalidad de trabajo. Y este momento es la cúspide de un gran cambio.

Es allí donde entra la nueva definición de riqueza, que te va a sonar un poco extraña pero que fundamentalmente es lógica y comprobada.

¿Cuál es el objetivo de acumular dinero en una cuenta bancaria si no tienes tiempo para poder disfrutarlo?. Por eso te hablo de riquezas de experiencias, porque al estar viviendo nuevos acontecimientos vas a ir llenando tu espíritu de una felicidad inexplicable, un sentimiento de satisfacción y alegría que no has vivido antes.

Al final de cuentas, en la vida lo que cuenta es la experiencia, lo que vivimos, lo que disfrutamos, no lo que dejamos de hacer, así que no olvides esto, anótalo si es necesario.

Estamos aquí para ser libres y si sientes que algo te ata, por ejemplo, el trabajo tradicional, debes dejarlo atrás porque va a terminar por destruir tus metas y tus sueños, causándote una gran frustración, que a la larga tiende a convertirse en una depresión llena de tristeza.

La filosofía de este libro va en contra de la filosofía de la mayoría de los emprendedores que dice así: hay que generar más dinero para tener más ahorros y conseguir un estatus más alto en cuanto a economía. Un diginauta no piensa así.

El internet está lleno de personas que vociferan que mientras más dinero tienes, más felicidad conseguirás pero este no es el caso.

La felicidad llega cuando sientes satisfacción con todo lo que haces, con unos cuantos dólares puedes vivir experiencias increíbles y estar invirtiendo muy poco tiempo en ello.

Hay que ser libre para conseguir esa riqueza espiritual de la que te hablo, al conseguirla vas a ver el mundo con otros ojos, vas a darte cuenta de que no es tan importante tener los bolsillos llenos de dinero ni las cuentas de banco acumulando más ceros.

Lo más valioso en este punto, lo que quiero que observes con claridad, es que, no necesitas invertir gran cantidad de tiempo para conseguir la suma de dinero que siempre has soñado, esta es la premisa principal, saber manejar tu propio tiempo para disfrutar de experiencias que trabajando de la manera convencional no podrías disfrutar.

Lo importante es que trabajes poco y ganes lo suficiente para sustentar tu estilo de vida.

Lo que verás es que puedes ser más productivo invirtiendo menos tiempo si organizas tus tareas de manera estratégica. Después de todo, el 20 por ciento de las actividades que realizas te hacen obtener el 80 por ciento de los resultados, asi que enfocate en definir cuales son estas actividades que constituyen el 20 por ciento más importante.

La clave para ser productivo es saber identificar cuales son las actividades que puedes eliminar y dedicarle más tiempo a lo que en verdad importa.

Por ejemplo, llega un momento en cualquier operación que pasamos demasiado tiempo respondiendo a correos electrónicos. Por lo regular, en cuanto recibimos un correo en nuestra bandeja de entrada hacemos todo lo posible por responder inmediatamente porque creemos que es urgente, pero la gran realidad de las cosas, es que, raramente son tan urgentes como para responderlas al instante.

Para combatir la pérdida de tiempo y la pérdida de concentración, haremos un ejercicio de implementar únicamente 2 períodos al día para responder correos electrónicos, en la mañana y a medio día. Cuando algo es urgente no necesariamente quiere decir que es importante y la clave de esta dinámica es que solo nos enfoquemos en lo importante para ser más productivos. Recuerda que la urgencia no es sinónimo de importancia.

El tiempo que comiences a tener libre, será ideal que lo inviertas para mantenerte en movimiento y es allí donde encaja una pieza primordial en esta fórmula mágica, la cual es que el motivo de comenzar a abrir espacio de tiempo en tu vida debe ser para invertirlo en experiencias grandiosas.

Experiencias que vayan llenando ese balde interno de vivencias y no solamente con viajes sin objetivos, no estamos en discrepancia con que las personas inviertan su tiempo en emprender nuevos negocios, pasar tiempo con sus hijos o aprender algo que siempre habían querido aprender.

La meta es buscar lo que te apasiona y allí invertir ese tiempo, en vez de invertirlo en la empresa de alguien más mediante un empleo que odias.

No te excedas trabajando, el exceso de trabajo es lo que ha llevado a estas últimas generaciones a dejar atrás lo que siempre han querido hacer y a perder momentos realmente valiosos que no van a regresar.

Piensa más en cómo trabajar menos y lograr lo que siempre has querido.

CAPITULO IX

EVITANDO AL ACÉRRIMO ENEMIGO DE TODO EMPRENDEDOR

¿TE GUSTARÍA SEGUIR RETRASANDO TU ÉXITO?

> **66** *Cuan⬩o tienes que escalar una montaña, no pienses que esperan⬩o se hará más pequeña."*

- *Anónimo*

Muchas veces he puesto miles de excusas para no realizar lo que realmente es importante en mi vida, o mucho peor, he creado una especie de muro tras el cual me escondo y digo para mis adentros que no tengo tiempo para realizar lo que es imprescindible para mi desarrollo.

Sé que los cambios a veces dan miedo y por una u otra razón nos han criado para permanecer en nuestra zona de confort.

Hoy quiero invitarte a que salgas de tu zona de confort y cambies radicalmente lo que haces, posteriormente analiza si te sientes mejor y cómo está cambiando tu desempeño en la vida.

Hay una creencia de que postergar las cosas es mejor, porque con esto va a haber una mejor planificación y podemos cumplir con precisión nuestros objetivos, sin embargo, esto es completamente falso, si bien hay cosas que requieren de una planificación muy detallada, hay otras que requieren de acción inmediata.

Acción es la palabra mágica.

¿De qué sirve pasar toda la vida entera planeando algo, si luego no lo vas a ejecutar? ¿Dónde quedan todos estos planes en tu vida? ¿Cómo los pones en práctica? ¿Cuándo es el momento ideal para ejecutar tus ideas?

Son preguntas que siempre vienen a la mente, pero que no deben frenarte, porque el momento justo para poner en marcha una idea es cuando la idea se nos viene a la mente y debemos hacer todo lo que está a nuestro alcance para darle vida. A veces basta con escribir y definirla.

Remontemonos a la secundaria, preparatoria o universidad. Si algo que creías más importante que la escuela se te presentaba al momento de prepararte para un examen, dejabas de estudiar para hacerlo, aún sabiendo que necesitabas esas horas frente al libro para obtener una buena calificación, lo dejabas para después y era así como se venían las cosas encima y horas antes de la prueba entrabas en pánico, claro, porque eras experto en postergar.

Estudiar era la prioridad pero no lo veías porque se te presentaba algo más divertido o cómodo, eso mismo pasa con nuestras ideas.

No te culpo por pensar de esta forma, porque te formaste con este estigma de que debes huir a lo que nos da miedo o que nos crea un reto.

Después de años postergando (a veces lo sigo haciendo) lo empiezo a ver de esta manera, si te encuentras con un reto o un obstáculo, es allí donde sacarás tu máximo potencial y vas a volverte extremadamente creativo para vencer esa adversidad.

Es motivación personal netamente. Porque el caos se debe de enfrentar.

Si bien, muchos dicen que si hay caos se debe huir mientras sea posible, yo te invito a lo contrario, enfréntalo, ataca con tus mejores armas y vas a ver cómo serás más poderoso tras este enfrentamiento.

Recuerda algo, el miedo paraliza, tener miedo en cierto grado es bueno, asegura tu supervivencia, pero cuando el miedo se apodera de ti ya no es sano y actúa justamente de modo contrario, hasta aniquilarte. Ten en mente que el miedo va a estar latente, pero no debe ser un factor paralizante que te impida hacer las cosas, al contrario, aprende a usarlo como un estímulo para lograr tus objetivos.

Si alguna vez has sentido que postergar algo para un futuro cercano o lejano será mejor, quisiera decirte que casi siempre es todo lo contrario.

Va a convertirse en un pendiente mucho más urgente a medida que transcurre el tiempo. La diferencia será que ya no van a estar como un pendiente más de tu lista, sino como algo irremediable que no puedas solucionar y vas a enfrentarte a consecuencias irreversibles y desafortunadamente es algo que no vemos hasta que sucede.

¿Te ha sucedido algo parecido? Seguramente si, lo importante es que no vuelva a ocurrir, que no dejes para otro día lo que puedes resolver hoy, para mañana puede ser muy tarde y puede que el tren que estás esperando ya pasó por tu estación y no lo viste por estar haciendo otras cosas.

No olvides algo, estos retos no van a desaparecer ni se van a volver más sencillos.

Cuando haces lo que debes hacer por tus tareas, te das cuenta de que no es lo correcto postergar sin razón.

Y estoy seguro de que si antes te pasaba, ahora ya no te sucederá, porque ya sabes que no debes dejar atrás lo que realmente necesitas para tu vida, porque la consecuencia de eso será que te atrases y no podrás fluir hacia un mejor porvenir.

El tiempo es vital en nuestras vidas y no puedes verlo pasar corriendo como corre el agua por un rio, sé consciente de que el tiempo perdido no regresa. Un gran error que cometemos a menudo como humanos, es pensar que somos infinitos.

Para reflexionar un poco. ¿Te has puesto a pensar cuánto tiempo has perdido por miedo? De qué manera te has paralizado al momento de intentar algo y es por un temor que tú mismo creas

El miedo al fracaso siempre va a existir, siempre habrá un miedo a no lograr lo que nos proponemos, pero está en ti usar ese miedo a tu favor o dejar que juegue en tu contra y gane esa batalla tan importante.

Cuando nos definimos límites, nosotros mismos decidimos ver nuestras metas como algo inalcanzable.

Ahora, vamos a analizar las características de esa barrera gigante (llamada postergación) que todos hemos creado en algún momento de nuestra vida.

Una de las características más importantes, es que las personas que postergan van a encontrarse un paso atrás de sus objetivos, van a estar subordinados a ellos y no van a entender qué ocurre cuando llega el momento de actuar.

Cuando ejecutas una acción que cambia tu estilo de vida sabes que estás adoptando más responsabilidad y compromiso, contigo y con los demás, esto va a ser una pieza clave en este rompecabezas.

Y como ese cambio nos lleva hacia una mayor responsabilidad, nuestra mente automáticamente, siente miedo y decide irse por el camino de la postergación y ese camino parece brindarnos "un plazo para pensar mejor" acerca de esa nueva responsabilidad y ese nuevo compromiso.

Las razones por las cuales evitamos tomar las riendas de esa situación pueden ser muchas: miedo, tiempo, espacio y así podríamos enumerar infinidades de razones pero siempre serán solo excusas.

Cuando decimos mucho para justificar lo que estamos postergando, es cuando debemos darnos cuenta de que no estamos haciendo bien las cosas y que debemos salir de ese cuarto oscuro.

Muchas veces la postergación sucede por falta de claridad en los objetivos, muchos no saben lo que realmente quieren y es allí donde comienzan a titubear y a dar pasos en falso, lo que los lleva a un fracaso seguro.

La postergación es lo más rápido y sencillo que tenemos a nuestra disposición cuando no sabemos hacia dónde nos dirigimos y tampoco tenemos bien claro cual es el resultado que buscamos.

En otras palabras, postergar es como navegar sin un rumbo fijo con una vela rota, no vemos un puerto seguro porque ni siquiera sabemos hacia dónde vamos.

Al trazar objetivos, es necesario que estén apegados a nuestros valores y principios, si estos no se entrelazan, van a convertirse en algo similar a un explosivo que en cualquier momento va a detonar. Es inevitable postergar si los objetivos no coinciden con nuestros valores y principios. Es un choque de ideales.

Tú eres dueño del monopolio de tus objetivos y debes usar esos recursos de manera inteligente, deben estar alineados con tus más sinceros deseos, debido a que, cuando están aislados, no eres tú quien los define, sino los factores, situaciones como tu círculo social o tu familia.

No puedes cumplir algo que no deseas realmente y te enfrentas a un problema mayor, porque así nace la frustración de cumplir objetivos y deseos que pertenecen a otras personas, porque van en contra de lo que quieres para ti.

Por eso existe tanta postergación en el área laboral, mientras que estás cumpliendo objetivos de la empresa, estos no te pertenecen y no se alinean a tus verdaderos valores así que postergas la acción para conseguirlos.

Cuando pierden importancia las metas son desplazadas hacia la zona de postergación y recuerda algo, al postergar una meta muy difícilmente la retomamos.

Es importante que todo lo que hagas de ahora en adelante sea relevante para ti, ahora que sabes las consecuencias si existen discrepancias entre tus objetivos y tus valores.

Entonces, de ahora en adelante la tarea es plantear un objetivo que vaya de la mano con tus valores, nunca puedes aislar uno del otro, al unirlos verás que toda tarea te resulta mucho más fácil porque cuando las alcances, será algo que realmente añoras.

Algo que veo con regularidad y que muchos piensan que es lo correcto, es el perfeccionismo, cuando no está estrictamente enfocado en la mejora continua de algo ya terminado. Nos han enseñado a ver el perfeccionismo desde una perspectiva de superioridad y hasta como una característica de personas brillantes, pero considero que esto es falso.

Tras el perfeccionismo mal enfocado, hay un serio arraigo hacia la postergación y un sentimiento marcado de inadecuación.

En la mayoría de los casos, las personas perfeccionistas postergan sus objetivos, al centrarse en concluir el que ven más sencillo perfeccionar, dándole un cierto toque de rechazo a los objetivos que realmente les crean un reto.

Recuerda que tu objetivo primordial es aquel que te apasiona y que crea un reto mayor al anterior, haciendo que salgas de la zona de confort donde te encuentras. Cuando se busca la perfección ciegamente, se busca lo que falta y no se ve lo que ya existe a tu disposición para ser utilizado.

Recuerda algo, puedes sacar provecho de cualquier oportunidad y sobre todo de los recursos que tienes en ese momento para esa situación.

Veamos, ¿Cuántas veces has invertido tiempo de más para cambiar palabras en un texto que has escrito para que se vea mejor, en lugar de simplemente publicar y continuar con el siguiente?

¿A quién quieres engañar? No estás buscando que se vea mejor. La realidad es que estás postergando recibir críticas de tu escrito una vez que sea publicado.

La perfección muchas veces exige niveles de rendimiento imposibles de alcanzar, porque quiere mantenerse bajo un régimen dictatorial. Bajo esta política no vas a tener nuevos retos, sino retos dentro de ese mismo objetivo que ya puede estar completo, pero que sigues manteniendo para nadar en un lago de perfeccionismo.

En ese lago vas a hundirte y no podrás salir, no vas a poder dar ese paso del que te hemos estado hablando en este libro.

La buena noticia es: No quiero que seas perfecto, quiero que seas dueño de lo que haces y que sobresalgas como diginauta, es allí cuando la perfección hablará por sí misma pero no buscándola sino que sea de una manera natural, sin forzar las cosas.

Al dejar de preocuparte por ser perfecto, verás como todo fluye sin esfuerzo y como todo va a llegar solo a tu vida consiguiendo eso que tanto has querido.

El perfeccionismo va creando una especie de círculo vicioso del cual es difícil escapar, demandando a diario exigencias poco sanas que no dan tregua para hacer algo más. Cuando dejamos de buscar la perfección, vemos las cosas a través de un lente más claro y nos damos cuenta que podemos ser realmente brillantes intentando cosas nuevas.

Yo sufrí mucho a manos del perfeccionismo al iniciar mi travesía como diginauta y sé muy bien que a ti también te puede suceder. Cuando decidí dejar de ser perfeccionista y opté por el progreso, mi vida fue catapultada hacia un mundo completamente nuevo, donde se me presentaron un número infinito de oportunidades.

Cuando te atrapa el perfeccionismo, comienzas a repetir una serie de premisas que no sirven para absolutamente nada. Como por ejemplo, la típica excusa "Debo perfeccionar la descripción de mi producto o servicio antes de publicarlo, porque si no lo hago, las personas no van a comprarlo."

El comentario anterior no es para nada cierto.

El cliente no conoce si realmente tu idea se sometió al desarrollo apropiado o si está sustentada en algo firme. El cliente está contento con lo práctico y sencillo, tu descripción debe ser funcional para ellos, con esto basta.

Otra excusa que repiten los perfeccionistas es: "Lo hago bien o no lo hago." "Si no lo hago a la perfección, voy a quedar mal frente a los demás". Pero sinceramente, con el único que estarías quedando realmente mal es contigo pensando de esta manera.

Hay momentos en los que es más necesario actuar que pensar. ¿De qué te sirve pasarte la vida perfeccionando algo si nunca lo vas a poner en práctica? ¿De qué te sirve estar pensando en materializar una idea si nunca se pondrá en marcha?

Recuerda que nuestras acciones son las que verdaderamente nos llevan a obtener resultados tangibles. En cuanto a resultados, no son nuestros pensamientos, ni nuestros deseos, ni mucho menos lo que decimos que queremos hacer, lo que define quiénes somos. No esperes ese momento mágico en el que tus pensamientos se conviertan en realidad sin acción continua, porque nunca va a llegar.

La última excusa que abordaremos juntos es una que has escuchado miles de veces, "Hasta que no quede perfecto no voy a dejar que salga a la luz."

Por mas que intentes, nada ni nadie alcanza la perfección completa, porque un perfeccionista, siempre encontrará errores a lo que hace.

La clave para poder superar esta excusa radica en encontrar la necesidad por progresar. La pregunta que los perfeccionistas deben preguntarse es ¿Cuánto tiempo mas estoy dispuesto a sacrificar mi progreso y continuar enfocando energía en perseguir la perfección? Cuando la necesidad por progresar supera la necesidad por crear algo perfecto, el perfeccionista se levanta de la cama para echarse a andar, dejando por un lado el miedo al cambio y a la incomodidad que nace al salir de su zona de confort.

Por eso, los psicólogos dicen, que lo más difícil al momento de enfrentar el cambio es sacar a un ser humano de su zona de confort, porque es ahi donde él se siente bien y donde cree que está dando el 100% del mismo.

Pero creo firmemente que todos somos capaces de dar más, de exigirnos progreso en vez de perfección.

Durante repetidas ocasiones evitamos intentar algo nuevo por el simple hecho de sentirnos incómodos con lo que estamos haciendo, no nos planteamos nuevos retos porque nos harán esforzarnos más, pero ¡Es en la incertidumbre donde encontramos lo majestuoso de estar vivos!

Cuando salimos de nuestra zona de confort vamos a tener que adaptarnos a nuevas normas, nuestra mente trabajará en adecuarse a nuevas rutinas y eso va a frenar el decidir si irnos o no a un nuevo trabajo o a comenzar nuestro propio negocio o simplemente a intentar lo que siempre hemos querido.

Por eso te hablé del miedo en los primeros capítulos de este libro, porque el miedo es el que también te va a frenar de golpe y esto ocurrirá porque no lo puedes dejar a un lado.

La incomodidad ante el cambio da cabida a la ansiedad y este sentimiento engendra estrés aunque nuestro cuerpo y mente eviten esta condición a toda costa. Pero el poder percibir todos estos sentimientos es el arma más poderosa que tenemos a nuestro favor.

Al poder percibir nuestros sentimientos podemos ordenarle a nuestro subconsciente a remar en contra de la marea, con el objetivo de finalmente accionar.

Debes estar preparado para todo sentimiento de incomodidad a base del cambio. Aunque si ese cambio se alinea a tus principios, no tiene por qué generar ningún tipo de estrés o preocupación, al contrario, debería generar mucho más deseo de alcanzarlo y de readaptación para sobrellevar el obstáculo.

Ten en mente que al postergar, vas a encontrarte en una posición alarmante respecto a tus objetivos, te quedarás atrás y ellos van continuar solos.

La principal razón por la cual postergamos es el miedo al éxito.

Por más extraño que parezca, vernos cerca de cumplir nuestros objetivos nos causa pavor y es por eso que postergamos, pensamos que al estar más cerca de lo que soñamos nos vaya a afectar de manera negativa en nuestra vida.

El alcanzar el éxito nos va a hacer sentirnos mejor, va a hacernos crecer y nos dará motivación, pero a veces el éxito causará un cambio inesperado y esa incertidumbre nos paraliza por completo.

Si trabajaste en el ejercicio de delinear tus miedos que mencioné al principio del libro, habrás comprendido que el peor de los casos no es el fracaso, sino nunca haber accionado los mecanismos necesarios para cumplir tus metas.

El camino al éxito es simplemente un mapa, un mapa muy poderoso que te enseñará en qué acertaste y cómo lo lograste. El camino que traces en ese mapa de éxito es replicable, lo puedes volver a repetir y de allí surgirán ideas aún más increíbles. No hay razón para temerle al éxito ni a los cambios que vienen como consecuencia del mismo.

El postergador nunca va a encontrar una garantía de éxito, siempre va a encontrar excusas para no hacer las cosas.

Esta "garantía" de éxito de la cual te hablo es lo contrario al fracaso, al miedo que no nos permite actuar, esta garantía de éxito podría aparecer en una visualización mental propia de cómo nos veríamos siendo exitosos.

Imagina que alguien te muestre un video de cómo te verías alcanzando el éxito, seguramente accionarias de inmediato y tomarías los riesgos necesarios para llegar a ese punto, porque estas viendo frente a tus ojos la evidencia de tu logro.

Pero ¿Porqué no engañar a tu subconsciente todos los días, imaginándote tu video de éxito para usarlo de motivación y que te apoye en tus decisiones?

La mezcla de todos los factores que analizamos en este capítulo (o simplemente la mezcla de algunos de ellos) trae como resultado un sentimiento de impotencia e inmovilización. Es como decir "No puedo con todo esto, es demasiado. Entonces como no puedo con todo no haré nada."

A veces la postergación se presenta con la sensación de que la vida se te escapa de las manos y no tienes suficiente energía como para vivir la realidad. A la vez, también puedes convertirte en alguien incapaz de priorizar y no saber por dónde comenzar gracias a lo abrumado que te sientes.

Si te enfocas en los factores y no en el producto, comienzas a decirte a ti mismo: "Si esto me exige un esfuerzo mayor a lo que puedo soportar es porque no es el momento indicado para realizarlo" y te conviertes en víctima de tus pensamientos auto destructivos.

El reconocimiento de que estamos postergando es una herramienta crucial para echarte a andar.

Al reconocerlo, debes preguntarte ¿Suelo pensar en cosas irrelevantes para alcanzar mis objetivos cuando existen acciones realmente importantes para alcanzarlos? ¿Suelo lamentarme después cuando no las hago? ¿Uso frases que contienen expresiones como "debería", "podría" o "tengo que"?

Las expresiones "debería", "podría" o "tengo que", son detectadas por nuestro cerebro como una obligación y como algo que requiere sacrificio.

Si los objetivos no se alinean con nuestras pasiones van a ser postergados porque serán visto como una obligación. Tal vez te preguntes, ¿por qué estamos hablando de postergación dentro de un libro acerca de ganar dinero por internet?

Es porque de ahora en adelante nos enfocaremos en las estrategias y tácticas para alcanzar el estilo de vida del cuál te he venido hablando, por ello no hay tiempo para postergar, de ahora en adelante te mostraré exactamente que debes hacer para convertirte en diginauta exitoso.

5°

CASO DE
ÉXITO

VISOOR

HUMBERTO GUTIÉRREZ

Cuando piensas en emprender, ¿Eres de los que cree que el capital debe ser alto o que debes ser un gurú de los negocios? Me gustaría decirte que no necesitas preocuparte por tanto, porque en realidad, es todo lo contrario.

Recuerda lo que hemos venido diciendo desde el principio, de nada vale tener una idea increíble y números magníficos si no puedes aterrizar esa idea, pero lo más importante de todo es esto, debes conocer el nicho de mercado en el cual te vas a desenvolver, eso será clave en todo el proceso.

Estar a oscuras nunca es bueno, mucho menos cuando se trata de finanzas y negocios.

México ha ido creciendo poco a poco en los mercados financieros y ha estado adaptándose a las nuevas tecnologías, siendo uno de los primeros de habla hispana que utiliza de manera obligatoria el sistema de facturación electrónica el cual está administrado por el Sistema de Administración Tributaria (SAT)

Miles de negocios y emprendimientos a lo largo y ancho de la República Mexicana lo deben tomar en cuenta a la hora de facturar.

El objetivo es que los usuarios tengan una mejor experiencia a la hora de comprar, haciendo que sus facturas lleguen directamente a sus correos electrónicos de manera inmediata al momento de realizar una compra.

Al salir esta medida en vigencia Humberto Gutiérrez, tuvo la visión de emprender de una manera increíble, creando junto a su socio, Visoor, una plataforma digital de almacenamiento masivo para las facturas.

Esta plataforma lleva de manera ordenada y al momento, la contabilidad de tu negocio o emprendimiento con solo un clic, además de ello está conectado con el sistema del SAT el cual hace que la declaración tributaria se realice de forma automática, algo que no había logrado nadie hasta el momento que se creó Visoor.

Visoor además del beneficio de la declaración y facturación inmediata, también ordena a los clientes en listas, puede importar las facturas y productos de manera selectiva en tan solo 5 minutos para que al buscar la contabilidad todo se encuentre de manera rápida.

Su diseño responsivo, crea una experiencia de usuario increíble, a esto se le suma que en la plataforma ya se pueden emitir las Facturas 3.3 que fueron implementadas por el SAT hace poco tiempo.

El sistema es altamente personalizado, por lo que al contratarlo los usuarios pueden incluir el logo de la empresa y enviar las facturas personalizadas a sus clientes.

Y para ser todavía más robusto, si se necesita realizar la nómina de los trabajadores, el sistema lo hace automáticamente con un timbrado especializado.

Visoor, es una empresa que nace en el 2015 y actualmente tiene más de 2.300 usuarios, de los cuales se incluyen empresas o emprendimientos.

Ya se han procesado alrededor de 60.000 facturas de manera electrónica y siguen creciendo cada día, la empresa se posiciona como una de las mejores en el ramo, de acuerdo a su utilidad y costos.

Además de darle un plus a sus actividades que son la personalización en la atención de cada usuario. Visoor es reconocida como una de las startups más importantes de México y de América por el alto potencial de desarrollo, sobre todo por lo que sus clientes hablan de ella.

Humberto realmente sabía lo que podía lograr con su emprendimiento, había un nicho de mercado muy necesitado y él lo conocía.

No necesariamente hay que ser un experto en administración tributaria para poder facturar con su plataforma, él quería lograr eso, que quienes la usaran tuvieran un control de sus ingresos y egresos de una manera rápida, fácil y sencilla, sin complicaciones, sabiendo que lo estaban haciendo de acorde a la ley.

Esta es la premisa principal de Visoor, una plataforma fácil de utilizar, a la vanguardia de los requerimientos de la Ley Mexicana.

Para este gran emprendedor al igual que nos pasa a todos, no todo fue sencillo, estaba el miedo latente a fracasar, a poner en riesgo su capital y perderlo todo, fue allí cuando tomó fuerzas y se decidió por dar este grandioso paso.

Él explica que no hay mayor consejo que pueda dar a los emprendedores, que den el primer paso, ese paso siempre es temeroso, quizás tambaleante, titubeante pero nunca en falso.

Se debe hacer un estudio de mercado que te arroje a la perfección que quiere tu público objetivo, sin esto no podrás continuar, vas a ir explorando poco a poco lo que tus usuarios potenciales realmente buscan y es allí donde darás con la forma acertada de emprender, siempre teniendo tus objetivos muy claros.

Humberto también explica, que cuando estuvo a punto de crear la plataforma se dio a la tarea de investigar sobre cómo se realizaban estos tipos de emprendimientos, que debía tomar en cuenta para no gastar en exceso y fue allí, cuando se dio cuenta que hay mucha información sobre infinidades de emprendimientos y nichos de mercado en internet.

Lo cual ayuda muchísimo a la hora de hacer un estudio de mercado, además de tomar en cuenta lo que están haciendo otros emprendedores y consultores da una idea de que se puede hacer y cómo innovar en algún ramo en específico.

Visoor hizo que Humberto cambiara su estilo de vida para siempre, fue una especie de ganar-ganar, debido a que le da a los usuarios la oportunidad de automatizar la facturación y lo más importante, la fiscalización de los mismos y él va aprendiendo poco a poco de lo que se está haciendo en todo México.

No ha dejado su ciudad natal, Aguascalientes, donde situó la actividad principal y legal de la empresa, era un plus que él jamás pensó al momento de emprender en esta plataforma; una oportunidad de estar con sus familiares y amigos por un buen tiempo.

Él nunca pensó que su emprendimiento creciera tan rápido, pero si sabía el potencial que se iba a presentar en el mercado, había estudiado todas las posibilidades y que algo saliera mal era casi imposible, aunque en el mundo de los negocios todo es posible para él, ese pensamiento no fue un obstáculo.

Hoy en día Visoor recibe de 200 a 240 nuevos clientes mensuales, lo que se resume en un crecimiento increíble para una startup, él explica que su enfoque de clientes siempre son los empresariales y aunque tienen clientes físicos, es una parte menor en cuanto a porcentaje.

Esto hace que siempre se mantengan enfocados en este target, allí entra un poco el tema de los buyers persona, ese estilo de personas que son sus clientes potenciales y a los que siempre va a dirigirse, es su fuerte y poder ver desde esta perspectiva las cosas, lo ayuda a que su emprendimiento crezca más cada día.

En cada emprendimiento es importante mantener una motivación, esto va a ser clave para continuar adelante sin importar lo que se presente, sea cual sea el obstáculo, cuando la motivación es clara, nuestros objetivos nunca van a ser imposibles.

Humberto comenta que la motivación depende de muchos factores y que va a variar dependiendo la etapa en la que se encuentre las personas, pero que para él, hay dos cosas fundamentales que lo motivan.

Uno es que el trabajo que él está realizando, ayuda a otras personas a resolver una necesidad que tengan, brindando valor a sus vidas cotidianas. Algo que en muy pocos emprendimientos se ve y que para Humberto fue clave con Visoor.

Lo segundo es su equipo de trabajo, saber que hay personas que creen en el proyecto y que están entregadas al 100%, esto lo motiva a tomar las mejores decisiones que los ayuden a seguir adelante y sobre todo a seguir creciendo como empresa.

Como lo hemos venido diciendo desde los primeros capítulos, cada emprendimiento debe estar afianzado en valores y una cultura, estos van a ser los pilares que sostengan la estructura de tu negocio.

Aunado a ello, rodearte de personas comprometidas y trabajadores, como lo hizo Humberto, será vital, no necesitas personas que te digan que no puedes, debes rodearte de personas que siempre te digan que puedes hacerlo mejor cada día.

Emprender solo es difícil y lo es todavía más, si tienes miedo, por ello tu equipo de trabajo debe ser sólido y solamente tú le darás la confianza de creer en el proyecto que estás emprendiendo, Humberto sabía que rodearse de personas que querían salir adelante era la solución perfecta, fue así como sembró las bases de Visoor que lo han llevado a donde se encuentra hoy día.

Humberto lleva aproximadamente 9 años como emprendedor y dice que ha estado en varios proyectos, unos muy buenos, otros no tanto, esos que no han salido a flote como se espera, han fallado por múltiples razones, lo peor que le puede suceder a un emprendedor es no conocer los fracasos a los que puede estar expuesto al poner en marcha un proyecto.

Uno de los emprendimientos que más recuerda Humberto y que coloca como ejemplo es la aplicación que creó ya hace unos años, para los juegos panamericanos en la ciudad de Guadalajara en el año 2015.

Una aplicación en la cual invirtió mucho dinero junto a sus socios, quienes además eran sus compañeros de apartamento, él comenta que nada de eso fue buena idea, se mezclaban los negocios con sus vidas personales, no había una separación del trabajo y la convivencia, lo que hacía cuesta arriba lo que vivían diariamente.

Lo peor de todo aquello que les estaba sucediendo, era la cantidad de usuarios que se estaban suscribiendo en la aplicación porque ellos estaban felices con los que se les estaba ofreciendo.

Humberto explica que estaban tomando decisiones apresuradas y al azar, no veían un norte fijo e igual invertían tiempo y dinero en ello, lo que los llevó al fracaso.

Lo complicado era que los más de 9 mil usuarios registrados en la aplicación, que respondían a comentarios diarios, interactuaban y sobre todo, generaban un retorno de inversión, tuvo que desintegrarse a causa de discrepancias dentro de la organización.

Fue como apagar una luz de un día para otro, muchas personas se preguntaban qué sucedió, estaban realmente confundidos con todo esto.

Humberto comenta que lo más difícil fue decir adiós a ese emprendimiento, y no solo a eso, sino que en el ámbito personal se quedó sin un lugar donde dormir; uno de los socios era el dueño del departamento donde vivía en ese momento.

No conseguía donde vivir y tuvo que estar en el piso del departamento de un amigo, cosa que recalca como una de las situaciones más difíciles por las que ha tenido que pasar, todo por mezclar lo personal con lo laboral y que todo acabara de un momento a otro.

Por eso comenta que es bueno saber separar lo que sucede en la vida cotidiana y lo que sucede en el ámbito profesional.

Después de ello, Humberto tuvo claro qué debía hacer con su vida y sobretodo con sus emprendimientos, recordando que mantener separadas las cosas desde un principio será la mejor opción.

Cada acción debe ser muy bien pensada y planificada, por ello, explica que la mejor inversión de su vida ha sido invitarle una cerveza a su mentor y comentarle sobre su plan de vida, que quería hacer y como lo haría.

Obviamente esos minutos fueron vitales en su futuro, cuando se tiene un mentor, conversar con esa persona es la mejor inversión que podamos hacer como seres humanos.

Por ello, si tienes un mentor no dudes en conversar con él o ella sobre lo que tienes en mente, seguramente tendrá un buen consejo para ti y podrás ver con claridad que hacer a futuro y no uno muy lejano, sino lo que llamamos un futuro a corto plazo.

Humberto es un ejemplo claro de que los emprendimientos son una excelente opción en el mundo de los negocios.

Recuerda nunca copiar a otros, toma ideas que puedan dar claridad en lo que estás pensando hacer, pero no tomes decisiones apresuradas, piensa muy bien lo que vas a hacer y lánzate al ruedo sin miedo.

Para Humberto, en el camino del emprendimiento nunca ha estado solo, por eso rodéate de personas que sean tan emprendedoras como tú y dale forma a esas ideas increíbles que sabemos tienes en mente.

CAPITULO X

GANA DINERO EN INTERNET HACIENDO LO QUE TE APASIONA

¿CUÁL ES ESA PASIÓN QUE PUEDE LLEVARTE A INGENIAR TU EMPRENDIMIENTO DIGITAL?

> **"** *Tenemos tres grandes ideas que hemos conservado por 18 años y son la razón de nuestro éxito: Poner al consumidor en primer lugar, inventar y tener paciencia."*
>
> **- Jeff Bezos, fundador de Amazon**

A mediados de la primera década del siglo XXI, la manera de usar el internet cambió para siempre, las personas que tenían sitios web, los fueron modificando para mostrar el "behind the scenes" de lo que hacían en sus negocios.

Empresarios de todos los rubros iban humanizando sus negocios porque al compartir lo que hacían y como lo hacían, dejando al descubierto sus secretos y comunicando información de una manera más transparente, existía una mayor probabilidad para que un consumidor percibiera valor real proveniente de sus sitios.

Todo sitio se convirtió en un medio de comunicación masivo y los que compartían la información más valiosa, rápidamente flotaron a la superficie. Comenzó un flujo constante de información que se ha mantenido vivo, ha llegado a evolucionar hasta nuestros días.

Fue así como comenzó la transición de una web 2.0 a una web 3.0.

El cambio de 2.0 a 3.0 se puede resumir en una sola palabra, "humanización". Ese término está basado en dejar de ver a una organización como una estructura abstracta de transacciones y flujos de efectivo, y más como a una comunidad de humanos trabajando en conjunto para cumplir un objetivo.

El público en general fue testigo de que respaldando a una marca u organización, existen humanos que administran esas marcas y que tienen sentimientos al igual que cualquier otro ser humano.

Una gran cantidad de empresarios y empresarias que iniciaron dentro de la transición 2.0 a 3.0 tenían sitios web que contenían su nombre como dominio y fue así como comenzaron a hablar sin tabúes de sus emprendimientos y hasta de sus propias vidas.

Sus publicaciones se fueron transformando en una especie de diario llamado blog (originalmente el término era "web log" pero luego se unió y se redujo a solo "blog"), donde los lectores se volvieron seguidores activos de lo que los bloggers publicaban.

Los blogs se transformaron en una interacción constante al llegar a plataformas como Facebook y Twitter, cada uno era una influencia dentro de su ramo de trabajo o su nicho y podían interactuar en tiempo real con sus lectores y seguidores.

Utilizaban altavoces digitales para comunicar sus mensajes, se convirtieron en especialistas, creando comunidades inmensas de seguidores que escuchan todo lo que ellos dicen por medio de sus redacciones, videos y audios.

Cada uno de estos blogs e influencers han alcanzado un nivel de estrellato entre sus seguidores, solo comparable a un artista o cantante famoso y todos sus fans.

Si el blog fuera un cantante, sus lectores y seguidores serían sus fans más leales. La diferencia radica en que un blog no necesariamente tiene que venir de una persona física, sino que puede ser fundado bajo la premisa de una marca que caracteriza lo que el segmento del mercado al que le están hablando considera atractivo.

Cuando iban creciendo los blogs y su presencia en internet, apareció un sitio web llamado www.bonsaibark.com en donde se hablaba de técnicas y recomendaciones de como criar y cuidar árboles bonsái.

Los creadores de Bonsai Bark iniciaron su presencia en internet publicando artículos una o dos veces a la semana, hablando de cómo los dueños del sitio cuidaban sus árboles, las herramientas que utilizaban para ello, fotos de bonsáis en diferentes partes del mundo etc.

Todo el contenido que publicaban en su blog era algo verdaderamente fascinante para los amantes de este tipo de arte y poco a poco fueron formando una audiencia, posicionándose en los primeros resultados de los buscadores como Google y Yahoo.

A la larga, todo el contenido que estaban publicando por internet les contribuyó con un crecimiento exponencial, porque ellos aparecían dentro de los primeros resultados en Google cada vez que alguien buscaba información referente al bonsái y sus artículos eran compartidos por fanáticos por todo el mundo.

La cantidad de tráfico orgánico (gratuito) que empezaron a recibir fue increíble. Todo por estar refiriéndose a cuidados de bonsáis o maneras de plantarlos, algo que fueron creando con muy buen pulso. OJO: Este crecimiento fue durante un periodo en el que era sencillo el crecimiento orgánico por Google, algo que indudablemente ha cambiado en los últimos años.

¿Y que los hizo tan especiales? Bonsái Bark identificó una necesidad del nicho por aprender acerca del cuidado de los árboles y ellos suplieron esa necesidad al ser auténticos en la forma de compartir su pasión por los bonsáis, lo compartieron por medio de artículos redactados y eventualmente creando videos e infografías.

Todo éxito como diginauta radica en la pasión y la constancia que le dedica un emprendedor a su sitio web o blog.

Bonsáis pueden cuidarlos muchos, pero compartir esos secretos en internet de una manera tan organizada, creativa y constante, no cualquiera y ellos lo hicieron a la perfección.

Entonces te preguntamos ¿Cuál hobbie te inspira lo suficiente como para querer hacerlo por el resto de tu vida? ¿Eres experto en algún tema del cual serías capaz de hablar y generar contenido de calidad? ¿Hay alguna sana obsesión que te mantiene despierto durante la noche?

La obsesión por algún tema en específico es lo que distingue a los diginautas exitosos de los que fracasan en el intento, esa obsesión por hacer y compartir lo que apasiona realmente.

Si tu tienes una buena idea pero no sabes cómo ponerla en marcha, debes recordar que tú eres conocedor de tu rubro y solo tú puedes dar veredictos de valor.

Tú ya sabes lo que vale la pena perseguir y lo que más gente como tú considera valioso. El mejor producto o servicio que puedes echar a andar es el que satisface alguna necesidad que tú también tengas. ¡Es lo que te hace clic! Sería similar a rascarte tu propia comezón.

Si tu formas parte de tu propio segmento del mercado, eso te permitirá usar tu vida como conejillo de indias para analizar lo que necesitas.

De ahora en adelante puedes generar ingresos desde cualquier parte del mundo y sobre cualquier tema del que te quieras especializar, solo debes clavar tu bandera y presentarte como el experto.

Al ser una autoridad en tu giro, te vas a diferenciar del resto, cuando solo tú seas el conocedor de todo lo que generes.

En este punto comenzarás a separarte de los demás y te plantarás como el gurú en lo que estás haciendo.

Agrégale a esta fórmula el tiempo y la constancia necesaria para obtener un historial de contenido en internet y habrás descubierto un gran tesoro como diginauta.

Para cada área de interés humano existe un espacio dentro de la web.

Cada uno tiene su pedacito (tal vez unos más grandes que otros). Aunque tuvieras que hacer un blog acerca de raquetas de tenis coleccionables del siglo 19, ¡Existe un grupo grande de personas que estarían interesadas!

Si lo tuyo es la medicina y te especializas, vas a poder crear una zona de consultas médicas donde compartas tu experiencia y tu sabiduría mientras generas ingresos.

Si eres apasionado por el fútbol, podrás crear un sitio donde los que siguen este deporte pueden ver jugadas, noticias, eventos y hasta tus propias opiniones sobre el deporte.

Si la meditación y el wellness es lo tuyo, ¡Puedes ganar dinero y meditar al mismo tiempo! La clave está en saber crear una comunidad, en que esas personas lean, escuchen y hasta te vean.

Sin una buena comunidad no podrás monetizar tu pasión. Pero afortunadamente ahora es más sencillo que nunca formar una comunidad virtual por medio de las plataformas de redes sociales, aplicaciones de mensajes instantáneos y por correo electrónico.

Es así como la tecnología del siglo XXI le permite a las personas atraer la atención de un público que anteriormente era tan cara y difícil de conseguir. Cada empresa se ha convertido en un medio de comunicación masiva y tiene a su alcance herramientas para atraer la atención de sus futuros clientes.

La web abrió puertas inimaginables, con el simple hecho de cargar un video o compartir una foto te pueden ver desde el otro lado del mundo y eso era algo verdaderamente difícil en el pasado. Cuando querías posicionar una marca, tenías que gastar cientos de miles de dólares para crear un comercial de televisión y que una televisora lo promoviera.

Solo el gobierno o empresas con presupuestos millonarios podían alcanzar ese nivel de tecnología, no era imposible hacerlo pero tomaba mucho más tiempo y ahora con la web 3.0 eso se logra mucho más rápido.

Por muy extraña y oscura que te parezca tu pasión, créenos que hay personas que quieren aprender y conocer sobre ella.

Bonsái Bark logró crear una comunidad altamente interesada en la información que generaban semanalmente.

Obtuvieron alrededor de 10.000 seguidores en su blog en su primer año, quienes generaban cada vez más y más preguntas sobre las marcas de las herramientas que ellos usaban, los fertilizantes y otros instrumentos.

Los creadores del blog vieron la oportunidad de ofrecerle un espacio publicitario a las empresas que vendían todos los productos de cuidado y mantenimiento de bonsái para que aparecieran en su sitio web y el lector los consumiera cada que leía una publicación nueva. Inclusive iniciaron campañas por medio de correo electrónico para que le llegara la información a cada miembro de la comunidad directo a su bandeja de entrada.

Para cualquier empresa interesada en vender, este nivel de atención es oro, aquí hay un grupo de aproximadamente 10,000 personas que ya está buscando de manera activa información acerca de productos dentro del rubro que la empresa maneja. Aparte, el blogger está usando su autoridad dentro del nicho para influenciar la compra de sus lectores. Es una fórmula ganadora.

Si las audiencias en internet fueran estanques donde nadan muchos consumidores, un blog tan especializado como Bonsái Bark es un estanque en el cual todos los consumidores que están nadando tienen interés por los bonsáis.

La segmentación basada en intereses es tan certera, que a las empresas que venden productos de cuidado para bonsái se les garantiza que van a encontrar a la persona indicada cada vez que arrojen su caña para pescar un consumidor.

Un nivel tan alto de segmentación es más valioso para una empresa que un estanque sin una segmentación, donde quizá haya consumidores nadando que llenen esas características, pero también habrá miles de otros que no tengan ningún interés en los productos que están tratando de vender.

Para una empresa, pescar dentro de un estanque que contiene sólo consumidores que ya están activamente buscando los productos que ellos venden es quizá el descubrimiento más grande e importante para aumentar sus ventas.

Para Bonsái Bark, el vender espacio publicitario en sus publicaciones fue un túnel de monetización porque vieron la oportunidad de generar ingresos de manera casi automática.

Muchos vendedores de productos para el cuidado de bonsáis se publicitaron con ellos, generando ganancias increíbles para ambas partes. Los creadores de Bonsai Bark poco a poco se fueron convirtiendo en diginautas en su máximo esplendor.

Al subir a 20,000 lectores, se dieron cuenta que las compañías que vendían herramientas que ellos promovieron en su blog también fueron creciendo y así fue como se les ocurrió la idea de crear su propia línea de herramientas y materiales para el cuidado de los bonsáis.

El tiempo y la constancia los hizo llegar a más de 50.000 lectores que ya no eran simples lectores, sino que, se convirtieron en fieles fanáticos.

Los clientes de Bonsái Bark eran fieles a esa marca porque no solo le compraban los materiales, sino que, eran educados en cómo utilizarlos y recibían una asistencia personalizada, dándoles valor y haciendo de ella una comunidad cada día más grande.

Bonsái Bark logró monetizar su pasión y ha estado ayudando a personas a criar bonsáis desde ese entonces.

Este es un claro ejemplo pero existen miles de sitios en la web que han hecho lo mismo con una idea muy simple, con inteligencia y constancia lograron darle un vuelco de 180 grados a su vida y se convirtieron en diginautas completamente diferentes a los otros.

Lo importante del ejemplo de Bonsái Bark es entender que ya es posible hacer de tu pasión algo que te genere ingresos diarios, sin necesidad de que tengas un estrés o ansiedad tras ello.

Puedes disfrutar lo que haces y al mismo tiempo monetizarlo, solo debes mantenerte consciente del tiempo y la constancia que requiere.

Sería un error quedarte trabajando únicamente en algo que no te inspira, cuando puedes disfrutar haciendo lo que te apasiona y generando ingresos. Optimizando tus tiempos entre tu trabajo normal y tu proyecto de emprendedores. Y como vas a invertir más tiempo poco a poco, tus probabilidades de éxito crecerán.

Y antes de que te lo imagines, vas a pasar menos tiempo en ello, podrás viajar más, de un país a otro o simplemente generando contenido en las redes sociales o en tu sitio web, trabajando en lo que realmente te apasiona. Así que no lo olvides: todo es un proceso y como todo proceso, lleva su tiempo.

Tu inversión inicial de tiempo será mayor para poder conseguir los ingresos necesarios pero después de un tiempo vas a poder automatizar tus ingresos para no dedicarle tanto tiempo como en un inicio.

Automatizar tus ingresos no significa descuidar, significa idear inteligentemente maneras de recibir dinero y que no requieran más tiempo del necesario. ¿A poco no se escucha increíble estar disfrutando de la playa y al mismo tiempo estar trabajando como diginauta por el universo digital?

¿No te encantaría poder compartir con tu familia y amigos momentos únicos y al mismo tiempo estar generando dinero? Es algo que suena un poco surrealista pero se puede lograr.

Quizá existan empresarios que construyeron una empresa en un ámbito que no les apasiona, en algún momento estas personas se van a cansar de hacer lo que hacen y su vida se vendrá abajo.

Descubre lo que realmente te apasiona y ponlo en marcha hoy mismo y vas a ser verdaderamente feliz cuando generes ingresos y riquezas de algo que nunca se va a sentir como trabajo.

Imagínate generar muchísimo dinero, pero de algo que te cansa, que no te gusta y que te aburre, esa "felicidad" es únicamente monetaria, por lo tanto, nunca es suficiente. Ser feliz es poder disfrutar lo que haces siempre.

Lograr convertir tu marca comercial o personal en algo genuino es algo realmente importante, de allí podrás monetizar todo lo que hagas fácilmente, mientras más valor tenga para ti lo que haces, más valor tendrá para los que te siguen.

Siempre debes comunicarte de una manera fluida con ellos, recuerda que no son robots, no tengas miedo de mostrar lo que haces, solo tú vas a controlar el contenido que generas.

Tu comunidad te premiará ser auténtico y genuino, vas a llegar a más personas y verán lo que haces, cuando alcances a captar su atención vas a estar monetizando tu pasión por medio de todos ellos.

Te lo mencionamos a estas alturas del libro porque a veces es muy fácil que pierdas tu energía y tus ganas de ser exitoso en internet.

Como diginauta puede que te dejes arropar por otras influencias o corrientes que te alejen de lo que tanto quieres. Por el riesgo que existe de desviarte, como lo platicamos anteriormente, cada objetivo que te traces asegúrate de que esté alineado con tus principios y valores.

La claridad de tu mensaje también es sumamente importante, si no tienes claro qué quieres comunicar nadie te va a escuchar, no podrás hacer llegar tu mensaje de manera efectiva.

Primero te debes comprender para luego hacer que otros te comprendan, sin claridad de tus ideas, vas a perder la atención de la gente y allí estarías fallando irremediablemente.

Intenta describir lo que haces a un niño de entre 8 y 10 años y ver como reacciona. Intenta ejercicios básicos, explica quién eres y a qué te dedicas, entre más sencilla sea la manera en que aterrices estas piezas de información, tendrás más oportunidades de éxito.

Teniendo en claro lo que ofreces podrás darte a conocer mucho más fácil, si hay algo dentro del mensaje que no entiendas, confundirá a tus clientes y es cuando aparecerá la frustración e irremediablemente el fracaso.

Si el mensaje es confuso, es mucho menos probable que comiences a generar ingresos con eso que te apasiona.

Al trabajar en ordenar tu información te recomiendo que hagas listas para ti de las cosas que necesitas hacer de inmediato. Las listas bien organizadas, es decir, priorizando lo importante de los pendientes cotidianos, son una buena forma de comunicarle a tu cerebro una manera ordenada y correcta de accionar, obligándolo a realizar tareas sencillas que poco a poco se conviertan en algo más y más complejo.

Otro punto muy importante para alcanzar el éxito creando contenido para internet; no puedes ser de una manera en las redes sociales y ser alguien completamente distinto en tu vida cotidiana, las audiencias modernas tienen la habilidad de identificar una esencia falsa y al final ellos que te medirán por lo que identifiquen, te considerarán una persona falsa.

Ser completamente transparente en este caso es la mejor apuesta, las personas van a percibir realmente quien eres, sin máscaras, sin laberintos ni acertijos, solo serás quien eres a diario pero ahora mediante esta ventana digital.

En los próximos capítulos pondremos en práctica ejercicios del día a día donde podrás ir construyendo tu marca personal y decidirás el producto o servicio que te gustaría vender.

Dentro de este proceso vas a ir construyendo la marca de tu travesía como diginauta. Tu marca será tu sello en las redes sociales y definirá lo que le ofreces a la audiencia.

Ya en este punto es necesario que despuntes del resto.

No eres uno más del montón, tu propuesta única de valor va a jugar el papel más importante dentro de esta competencia, donde solo tu podrás ser el vencedor, pero estarás compitiendo contigo mismo así que la competencia puede ser intensa.

Los que usamos el internet a diario podemos oler el fraude, las promesas incumplidas y las descripciones de productos falsos a miles y miles de millas de distancia.

Tu producto o servicio tiene que ser lo más auténtico y real posible. Porque los usuarios, tu audiencia, van a percibirlo tal cual es.

Si tienes algún tipo de titubeo en tu descripción ellos van a saberlo inmediatamente.

El tener una imagen auténtica y ser claro en la forma en que te comunicas es la clave para comenzar a generar buenos ingresos por internet.

Si tu autenticidad falla, todo tu circo se viene abajo.

Basar tu imagen en internet en falsedades es como construir un castillo sobre piezas de cartón, al colocar lo más pesado en la parte superior todo se va a derrumbar en unos cuantos segundos y es por esto que hago tanto hincapié en construir bases sólidas desde un inicio.

En la era digital actual, las marcas deben ser completamente genuinas y tener una misión con impacto social además de querer generar una utilidad. Siempre tienes que asumir una filosofía de oferta de valor inicial ante todo. Que el ofrecer valor comience por ti.

Las empresas están comprometidas con generar algo útil que las personas aprecien y que se identifiquen de una u otra manera.

El comenzar a vender un producto o un servicio y que a su vez no aporte nada a quienes se interesen por adquirirlo, es una pérdida de tiempo. Es sencillo, solo vamos a comprar lo que nos es verdaderamente útil y de las marcas que consideramos valiosas. Pero nuestras marcas favoritas nos ofrecen algo valioso primero, después nos ofrecen la venta. Valor primero antes que todo. Punto.

Revisa bien tus compras hasta ahora ¿Cuántos productos has desechado por el simple hecho de no poseer una buena utilidad? O mucho peor, ¿Cuántos de ellos has desechado por no cumplir con su promesa funcional?

No queremos que tú caigas en el foso donde muchos negocios han muerto, sabemos que tu marca tendrá un impacto en la sociedad del que muchos hablarán y tu ética se debe mantener limpia.

Ninguna marca en el mercado es exitosa por tener como prioridad generar ingresos. Cuando una marca tiene la utilidad como premisa, el público no deja de comprarla.

Obviamente debes vender, pero nadie va a querer comprar si solo tienes como propósito ganar dinero, la clave para todo vendedor es ir más allá. Valor primero antes que todo. Punto.

La clave de la venta es hacer sentir a tu prospecto que tienes un interés profundo y un producto diseñado para solucionarle la vida.

Debes enfocarte en tener una misión y propósito honesto, que el público te vea con esa misma honestidad con la que te estás mostrando, no fuerces nada ni empieces a inflar falsas esperanzas.

Y por supuesto, te estarás preguntando ¿Cómo convierto mis pasiones en dinero? ¿Cuál va a ser ese momento en que comience a generar ingresos?

Te he dicho en repetidas ocasiones que el internet es el lugar perfecto para convertir tus ideas y pasiones en dinero pero también te preguntarás ¿Cuál es esa fórmula mágica para comenzar a monetizar?

El camino hacia la monetización online y offline siempre ha sido el mismo, siguiendo dos rutas básicas.

La venta de productos y la venta de servicios.

En este libro voy a hablarte de cada una de ellas por separado para describirte sus beneficios y sus riesgos y luego de ello, voy a hablar de ambas en conjunto trabajando bajo un mismo sistema, como una especie de engranaje que no puede separarse.

Voy a presentarte las tácticas que me han resultado exitosas después de miles de errores que cometí con mi dinero y algunas veces con el dinero de mis clientes. Espero que ninguno de ellos lea el libro y me llamen para reclamarme. Si es así, una disculpa de antemano, pero en algún momento fue necesario hacerlo para probar varias estrategias hasta que alguna de ellas funcionará mejor que la otra.

También vamos a abordar otras tácticas que he aprendido y he puesto en práctica gracias a la enseñanza de muchos otros diginautas que navegan en este mundo desde antes que yo empezara a caminar.

Para que tu idea tenga éxito debes tener bien claro que es necesario una buena planificación y ejecución de cada estrategia que te propongas para la venta del mismo.

Cuando no planificas correctamente no puedes ejecutar correctamente y de eso depende el éxito del negocio.

Te voy a enseñar cómo puedes medir la demanda del producto, servicio o publicidad que decidas vender y si no es viable tu idea, vamos a enseñarte a como ajustarla para que logres ese objetivo que tanto buscas.

Lo importante es que descubras si tu idea realmente tiene el potencial necesario para ser usada como tu fuente de ingreso.

Si definitivamente no es rentable la que elijas inicialmente, te sugiero que busques una idea nueva.

Debes estar con la mente abierta y saber que puedes fracasar en cualquier momento, uno nunca sabe cuántas veces debe fracasar antes de alcanzar el éxito. Yo he fracasado más veces de las que puedo recordar y todos esos momentos fallidos se han convertido en enseñanzas para estar parado donde estoy ahorita.

Es muy probable que en uno de esos intentos fallidos encuentres la fórmula mágica que te lleve a automatizar tus ingresos, pero también ten en cuenta que uno nunca sabe cuántas veces tiene que picar piedra para descubrir el oro.

No planeamos fallar, pero si nos preparamos para levantarnos en cuanto nos caigamos.

Recuerda que el caos nos hace fuertes y evitarlo no es opción, aprendemos en todo momento de los errores y le sacamos el mayor provecho y nunca nos rendimos ante el primer fracaso.

Te mostraré cómo detectar si tu producto o servicio es rentable con menos de $500 dólares.

Si no cumple con algún estándar debes darte cuenta y comenzar con otra cosa.

Al darte cuenta de que algo no funciona invirtiendo menos de $500 dólares, ahorrarás más dinero del que puedes imaginar, porque es mejor que comiences de nuevo en otra cosa, en vez de ir invirtiendo una fortuna y luego darte cuenta de que la idea no tiene futuro.

No necesitas perder mucho dinero para saber si algo es verdaderamente brillante o no.

Lo que conviertas en efectivo será el resultado de que tan bien planeada es tu estrategia y además que la ejecutes correctamente, la estrategia es establecer un buen margen de ganancia por cada unidad que vendas.

De ahora en adelante, vamos a tocar temas a grandes rasgos porque sabemos que usarás tus habilidades como diginauta si necesitas mayor información acerca de algo en específico.

Si quieres profundizar en los temas que te voy a exponer hasta entender lo que te estamos comunicando realmente, el internet, tu herramienta en esta aventura, está lleno de información que te pondrá más cerca de presupuestar tu sueño y de materializarlo.

Vamos ahora a comenzar con ejercicios prácticos que te darán las respuestas que necesitas para decidir qué producto o servicio vender por internet y lograr eso que tanto has querido, dejando atrás tu trabajo convencional y viviendo la vida bajo tus términos.

CAPITULO XI

PASO A PASO: INVESTIGA Y DESARROLLA RÁPIDAMENTE UN PRODUCTO RENTABLE PARA VENDER EN LÍNEA

¿POR QUÉ IMAGINAR QUE EXISTE DEMANDA POR UN PRODUCTO, SI PUEDES COMPROBARLO ESCUCHANDO LO QUE DICE EL MERCADO?

En estos momentos se puede vender lo que desees por internet. Desde un producto pequeño hasta lo inimaginablemente grande, sin embargo, esto no quiere decir que cualquier negocio que emprendas por internet vaya a ser rentable.

Desde la perspectiva rentable debes planear todos tus proyectos, puesto que tu negocio debe generar los ingresos necesarios para que logres presupuestar tu sueño y vivir ese estilo de vida que tanto has deseado.

Por supuesto, existen diferentes segmentos del mercado, en los cuales se crean varios nichos donde puedes desarrollarte.

Existen nichos buenos y verdaderamente rentables, otros definitivamente son malos que solo causan dolores de cabeza y pueden llevarte a la bancarrota.

Lo importante en este punto es que comprendas que hay personas que están dispuestos a pagar más por un producto o un servicio que otras personas y es ese el segmento de mercado que tú debes abordar de una manera inteligente y creativa.

Obviamente quiero que tu producto se posicione dentro del segmento de esos clientes que llegan a pagar más por un producto o servicio porque sus niveles económicos son más altos, quizás puedas obtener dos o tres veces más de lo que obtendrías vendiendo a un grupo que no cuenta con tanto poder adquisitivo.

Revisemos ahora un concepto del cual te estamos hablando, el nicho de mercado, un trozo del mercado que está claramente definido por una característica.

El nicho de mercado viene dado por la existencia de una necesidad la cual podría ser satisfecha por un producto o servicio y es aquí donde a ti te toca atacar con toda la artillería.

Identificar el nicho indicado logrará realizar mucho más fácil la venta del producto o servicio de acuerdo a esa necesidad a satisfacer. Es por ello que es más fácil crear un producto para un segmento del mercado determinado, que tener un producto y luego estudiar qué tipo de mercado lo necesita, de allí el título de este capítulo.

Ahora vamos a analizar a detalle está filosofía. Quieras o no, tú ya formas parte de ciertos segmentos, todos lo somos al ser compradores o consumidores de alguna marca o producto.

La frase célebre del chef y restaurantero Daniel Boulud hace alusión a nuestras culturas como determinantes del segmento del mercado al que pertenecemos. En una ciudad tan poblada como Nueva York es posible satisfacer las necesidades de ciertas culturas al poner a su disposición mercados que vendan productos que se consumen por sus familiares, amigos o miembros de la comunidad religiosa a la que asisten.

Por muy grande o pequeña que sea nuestra compra o venta, todos somos parte de un segmento de mercado y si escarbamos más profundo dentro de ese grupo podemos encontrar uno o varios nichos de acuerdo a nuestras necesidades personales.

Recuerda que cada nicho viene etiquetado con una necesidad y por eso descubrir el nicho indicado, es la clave de ahorrarte el 50% del esfuerzo al crear un producto.

No es importante crear o inventar una necesidad nueva en el público, ya existen miles de necesidades que no están siendo satisfechas justo ahora.

No tienes por qué reinventar la rueda, si ya existen nichos con necesidades propias, lo que debes hacer es crear un producto o un servicio basado en esas necesidades.

Vas a intentar suplir los productos o servicios que otros no han podido proporcionar, pero desde la premisa que ya identificaste, esa necesidad no la vas a crear tú, no es propia, es del segmento del mercado ya existente.

Lo que tu harás es crear un producto o servicio para que esa necesidad desaparezca o se satisfaga, marcando tu territorio con toda la fuerza que puedas.

Analiza qué necesidad puedes convertir en producto o servicio, basándote en los estudios de otros, recuerda que muchos antes que tú ya han desarrollado estudios de mercados y nichos específicamente para esas necesidades que van a ser tu motor de ahora en adelante y la intención es que te ahorres el esfuerzo que ellos ya invirtieron a la hora de hacer tu tarea.

Al sugerirte que inicies pensando en un segmento del mercado al que también perteneces no quiere decir que es imposible comenzar por los nichos que son rentables pero que aún no conoces.

Puedes ir a cualquier otro nicho y realizar tu análisis completo del mismo, pero créeme si te digo que es realmente mucho más sencillo intentar venderle a estos segmentos del mercado y nichos que ya conoces.

Cuando eres conocedor de un tema, comienzas desde el principio a nadar como pez en el agua, usando tu experiencia para analizar lo que funciona y lo que es innecesario, a cambio de un segmento nuevo en el cual debes comenzar desde cero y aprender todo sobre él.

No quiere decir que es imposible ser exitoso en un mercado que desconoces, mucho menos que alguien como tú no lo lograría, pero si es un poco más difícil tener que ir aprendiendo algo nuevo, a esto me he referido anteriormente, sería más efectivo navegar en los segmentos de mercados que ya conoces y te va a facilitar la vida.

Al aprender más acerca de las ventas por internet y el universo digital te darás cuenta que no vas a requerir mucho dinero, ni tiempo, ni esfuerzo como el que pensabas para lograr eso que tanto deseas.

Obviamente va a llegar un punto en el cual te vamos a pedir que inviertas dinero para probar si es viable o no tu emprendimiento, pero esa inversión debe ser lo más baja posible y solo la haremos después de reducir algunos de los riesgos.

No queremos que pierdas dinero al emprender un negocio como diginauta y que eso te lleve a darte por vencido.

Vas a invertir en publicidad por internet para verificar si tu nicho de mercado está interesado en tu producto o servicio, en este momento no vamos a entrar en detalle, pero lo trataremos a profundidad más adelante en este libro.

Por ahora no te preocupes por el gasto de publicidad, solo recuerda que la filosofía que te queremos enseñar necesita invertir efectivo y tu tiempo para que vivas como siempre has querido.

Piensa bien ahora, si decides volverte experto en alguna tendencia como lo son las criptomonedas o alguna otra manera de hacer dinero por internet como Forex, te darás cuenta que debes estudiar muy a fondo sobre estos temas, debido a que, son temas completamente delicados y en mucho de los casos desconocidos por la gran mayoría de nosotros.

A diferencia de lo anterior, de lo que te hablo en este libro es de simple comercio, compras por una cantidad y vendes por otra, llevando una ganancia en el proceso.

El estudio de un tema nuevo requiere dedicación pero depende más de tu tiempo. Vas a tener que invertirle una gran cantidad de tu tiempo a algo nuevo para poder aprender sobre ello y ¿para qué hacer esto si ya tienes conocimientos, hobbies o pasiones?

Quizá has escuchado en pláticas o te ha alcanzado algún anuncio por Facebook o Instagram acerca de bastantes inversiones modernas que son rentables en internet pero son temas que desconoces en detalle.

Yo también desconozco esas inversiones en internet tanto como el ciudadano común desconoce a fondo la industria y los procesos para extraer petróleo, pero sabe que es rentable.

Sin embargo, hay otros temas en los que si sabes mucho más que el ciudadano común y no necesitas empezar desde cero a estudiar sobre ello, es en esto en lo que debes enfocarte, allí debes poner tu esfuerzo y dedicación porque ya estas mas cerca a ser un experto del tema.

No me malinterpretes y creas que nunca vas a poder estudiar sobre algunos otros nichos que son rentables, pero por lo pronto iniciaremos sin gastar muchas energías. De ahora en adelante practicarás la ley del menor esfuerzo.

Al enfocarte en lo que ya conoces y que te apasiona vas a estar matando dos pájaros de un solo tiro. Vas a ahorrar tiempo y esfuerzo porque vas a estar disfrutando hacer lo que te gusta, mientras te genera ingresos.

Suena a algo difícil de lograr muchas veces, pero en realidad no lo es, estoy seguro de que lo puedes lograr, vas a estar generando ingresos para hacer lo que te plazca, algo que en tu empleo convencional no hacías o no estas haciendo.

Vas a pensar que estoy blasfemando pero no es así, todo comenzará a tener sentido solo con leer unas cuantas revistas, comencemos con la historia de un joven llamado Esteban.

Esteban tiene 24 años y es aficionado a todos los deportes que se realizan al aire libre, es amante de la naturaleza y le encanta estar en contacto con ella.

Desde niño, el deporte favorito de Esteban era el fútbol, el cual había practicado durante gran parte de su vida, pero luego descubrió el ciclismo de montaña.

Últimamente Esteban se ha convertido en un apasionado por las bicicletas de montaña y comenzó a practicar este deporte, que a muchos les parece extremo, pero para él es algo verdaderamente fascinante.

Al tiempo de practicar este deporte, Esteban se dio cuenta de que el ciclismo de montaña va mucho más allá que solo tener una bicicleta y salir a pedalear unas cuantas veces.

Este deporte involucra lo que parecía una serie de rituales y en ocasiones hasta parecía que los ciclistas pertenecían a una especie de culto. El hobby de Esteban no solo requería el uso de una bicicleta, sino que, requería todo el equipo necesario para poder salir a rodar como cascos, guantes, licras, botellas, frenos, amortiguadores, asientos, manubrios, luces.

Los accesorios mencionados eran solo algunos de los que Esteban necesitaba para poder echar a andar su ahora gran pasión sobre dos ruedas.

La compra de los productos que se necesitan para practicar el ciclismo de montaña se traduce en miles y miles de dólares que no solo Esteban compraba, sino, también las demás personas que practicaban el deporte cuando iba a entrenar con su equipo.

Existía un gran segmento del mercado que tenía la necesidad de adquirir todos estos productos para poder equiparse en el ciclismo de montaña, ya había un nicho el cual tenía una necesidad muy marcada. Esteban no inventó o creó el nicho, simplemente lo descubrió.

Antes de que Esteban terminara la universidad, le tocó viajar con su equipo de ciclismo por todo el continente para pedalear en los lugares más paradisíacos de Centroamérica y Suramérica. Dos camionetas cargadas con bicicletas y provisiones para el viaje los acompañaban y quedaron como recuerdo miles de fotografías y videos que grabaron en los lugares más insólitos del continente.

Esteban no imaginaba que tales rutas existieran y que además de esto, tan pocas personas se dieran a la tarea de conocerlas, eran zonas prácticamente vírgenes. Solo un puñado de deportistas habían visitado estas zonas y Esteban estaba tan fascinado con ello que veía cosas que muy pocos humanos a nivel internacional han visto.

Al graduarse de la universidad y ser contratado en su primer empleo, Esteban se dio cuenta que ya no le alcanzaba el tiempo para salir a rodar tan frecuente como lo hacía antes y menos para aquellos viajes largos que anteriormente hacía con su equipo.

Además, su equipo se convirtió en una familia, vivieron juntos aventuras increíbles y Esteban sabía que las travesías ya habían llegado a su fin a causa de los requisitos de tiempo que implicaba su nuevo empleo.

Fue allí cuando pensó en qué debía encontrar una manera en la que pudiera rodar por el mundo con sus amigos, viviendo aventuras increíbles y al mismo tiempo generar ingresos.

El problema no era que sus ingresos fueran limitados, de hecho estaba ganando un buen sueldo, pero ya no tenía el tiempo necesario para hacer lo que realmente le gustaba, no disfrutaba de una plenitud y no estaba a gusto con lo que estaba haciendo.

Ya su empleo se había convertido en una rutina que lo estaba arropando día tras día, en ese punto fue cuando Esteban encontró el libro "¡Despide a tu Patrón!" y se inició en el proceso de dejar su trabajo convencional atrás, que claramente no le funcionaba al momento de perseguir sus sueños.

Fue al leer "¡Despide a tu Patrón!" cuando él comenzó a trabajar para y por sí mismo, logrando desarrollar un nuevo estilo de vida que lo hacía realmente feliz.

Ya no era ese tipo frustrado ni desesperado por lo que hacía, sino que, estaba haciendo lo que le apasionaba y al mismo tiempo estaba generando ingresos para sustentar sus necesidades.

Lo único que Esteban necesitaba para comenzar a trabajar en su nuevo estilo de vida, (que tú también debes hacer enfocado a tu proyecto), era encontrar tres o cinco revistas dedicadas a los segmentos del mercado donde él se venía desarrollando, a los que él pertenecía desde hace ya un tiempo.

Las revistas que escojas deben de abordar dos segmentos del mercado por separado, grupos con los que te identifiques y de los que ya has venido siendo cliente frecuente.

Tú, más que nadie, vas a conocer las motivaciones de venta dentro de estos segmentos y te vas a sentir cómodo trabajando con todo lo que tiene que ver con ellos.

Lo que vas a analizar dentro de las revistas que escojas son todos esos elementos que te ayuden a identificar tu nicho y que cuando ofrezcas tu producto o servicio no tengas que reinventar la rueda, sino que, baste con generar una buena idea basado en lo que descubras como necesidad.

En el caso de Esteban, era claro que uno de los segmentos del mercado al que pertenecía era el de ciclismo, pero también se dio cuenta que formaba parte del segmento que compraba productos eco-amigables.

Esteban compraba desodorantes biodegradables, protectores solares hechos a base de minerales en vez de químicos y pasta de dientes hecha a base de carbón sin ingredientes tóxicos para la salud ni para el planeta.

Esteban se consideró dentro de un segmento del mercado que hacía compras teniendo en mente el medio ambiente.

Cómo Esteban practicaba deportes al aire libre, también estaba consciente que había que proteger los paraísos naturales que nos brindaba el planeta y sus gastos reflejan esta filosofía de manera muy clara. Así como Esteban, existen millones de personas que gastan su dinero conscientemente y no les preocupa pagar un precio más alto por algo que contribuya a proteger el medio ambiente.

Se dio cuenta de que pertenecía a este segmento "eco-friendly" del mercado hasta el momento en que tuvo que leer las revistas.

Otra cosa que surgió de su investigación, fue que se dio cuenta de que vivía en una zona en Latinoamérica donde el costo por los insumos para crear productos ecológicos era mucho más barato que en otras partes del mundo, ahí vio otra ventaja importante para posicionarse en el rubro.

Cuando ya tengas bien definidos los dos segmentos a los que perteneces y hayas adquirido las 3 o 5 revistas de estos, el siguiente paso será leerlas y analizarlas cuidadosamente. Las versiones impresas son mucho mejores para poder analizar correctamente los elementos que logran llegar a la impresión.

Dentro de su edición impresa, una revista solo publica lo que en realidad vale la pena a diferencia de la versión digital que puede incluir contenido de menor importancia.

Tu tarea durante el análisis será identificar elementos específicos dentro del contenido de las revistas que te ayude a encontrar los productos y las empresas que están gastando en publicidad dentro de los segmentos del mercado a los que perteneces.

Antes de que salga a la venta la versión impresa de una revista, un grupo de editores y redactores se toman el tiempo para decidir cuidadosamente los elementos que van a colocar y el posicionamiento de los mismos, nada está colocado al azar, todo es estudiado meticulosamente antes de que salga el primer ejemplar.

Es por su selección tan específica de elementos y de publicidad que estás investigando el contenido de estas revistas, para que aproveches la información que ellos ya se tardaron semanas en recaudar y seleccionar usando esta investigación a tu favor.

Las revistas usan la opinión y los gustos de muchos consumidores del mercado para que éstos decidan que se va a publicar, ellos promueven encuestas y logran obtener información acerca del mercado al que le venden y al leer su publicación te habrás ahorrado esas labores.

El contenido que se publica en cada revista va a servirte porque es seleccionado de una gama amplia de contenido que a diferencia de lo que puedas conseguir en línea ya se filtró y se seleccionó especialmente para ese mercado.

Dentro de una edición impresa el espacio es limitado y por sus límites, el equipo editorial selecciona estrictamente lo necesario para que salga en el tiraje impreso.

Lo más importante es que observes cuidadosamente el contenido y que analices los anuncios que aparecen, esto será clave.

Ya una vez analizado el contenido de estos anuncios publicitarios podrás comprender una serie de cosas.

En primer lugar, comprenderás el contenido visual que es premiado por esta industria y sobre todo por el mercado al que ellos intentan hablarle. Las imágenes que conforman el material publicitario ya pasaron por varias personas, editores y creativos. Fueron seleccionadas y muy bien editadas para que llegaran solamente las mejores a las manos de los consumidores finales que son a toda cuenta los lectores.

Dentro de la revista debes analizar los colores, la selección de tipografía que se utilizó, la cantidad de texto y la composición de la imagen, todos estos elementos son los que tú utilizarás para ir formulando tu oferta para estos segmentos del mercado.

Como te he dicho, no se trata de reinventar la rueda, sino de aprovechar lo que han hecho otros y así apropiarse de ese nicho de mercado inteligentemente.

Lo segundo que tendrás que analizar, es la redacción de estos artículos.

Debes hacer una lista de las palabras o términos que se repitan dentro de las redacciones, muchas veces hay temas recurrentes y que tú también deberás abordar a la hora de redactar la descripción de tus productos o servicios.

Recuerda que todo está bien seleccionado, tú solamente debes meterle la lupa a ello y captar cuáles son esas palabras que usan.

Dentro de la redacción de una revista existe un número establecido de caracteres que deben ser respetados por cada artículo, obviamente ya en este punto los miembros de esa revista seleccionaron que palabras y términos no funcionaban y estaban de relleno, para luego eliminarlas.

No vamos a llevarles la contraria, ellos son los expertos en el tema y ya se dieron cuenta de las cosas que el mercado no quería, tu solo haz una lista de los términos y palabras más recurrentes y del contexto en el cual son usadas.

Por último, el tercer paso es analizar a detalle los temas y las ideas que comunican los autores en sus artículos. Comprendiendo lo que ellos escriben podrás darte cuenta si son sensibles ante algún tema o situación.

Adicional a lo que hemos platicado, también será útil si logras descubrir si los autores manejan alguna filosofía que puedas leer entre renglones y sobre todo si hay temas que no se tocan por nada en estas redacciones.

Todo lo que comprendas debes tomarlo en cuenta en tu análisis, para que te organices de una mejor manera, esto te va a ayudar a que en vez de alejar a tus posibles clientes los atraigas al saber de lo que hablan y qué es lo que les interesa saber.

DOOPLA

JUAN CARLOS FLORES

Para nosotros, los casos de éxito que presentamos son muy importantes, debido a que los fundadores de estos emprendimientos son personas como tú y yo, que soñaron con emprender y trabajando poco a poco pudieron lograrlo.

Por eso han sido mencionados en este libro, porque ellos no tuvieron barreras a la hora de soñar con sus propios negocios.

Si bien se encontraron con dificultades, pudieron vencerlas, la constancia es clave en todo lo que hagas en tu vida, esa va a ser la principal motivación y de allí van a derivarse muchísimas cosas que serán vitales para ti.

Emprender no es cuestión sencilla, poder sentar bases sólidas mediante la planificación de tu proyecto va a ser la clave de la cual venimos hablando desde el principio.

En ella podrás planificar todo lo que harás y también podrás decidir si quieres compartir tu emprendimiento con otras personas o solo contigo, pero de antemano te decimos, el camino del emprendimiento es difícil y atravesarlo solo no es tarea sencilla.

Nada mejor que cuando te juntas con otro emprendedor y comparten ideas, eso va a ser un plus que te va a llevar a otro nivel, siempre y cuando puedas balancear tus metas con las metas de la otra persona, en ese punto vas a lograr cosas maravillosas.

Y esto es justo lo que hizo Juan Carlos Flores con su proyecto Doopla, una plataforma donde inversionistas y emprendedores tienen un espacio sin intermediarios para conocerse y plantearse las ideas concretas que serán vitales para sus futuros proyectos.

Nace con la finalidad de ayudar a empresarios emergentes en su lucha constante en conseguir el capital necesario para poner en marcha sus ideas.

Además, le ofrece a inversionistas de todo el mundo la facilidad de conocer proyectos nuevos, siendo una plataforma de ayuda mutua, lo interesante, Doopla ofrece una tasa del 12%, una de las más bajas del mercado y los interesados pueden ponerse en contacto sin ningún tipo de intermediarios que en la mayoría de los casos, cuando se ofrecen préstamos, son los que ponen las limitantes a los interesados.

Obviamente la plataforma cuenta con una serie de requisitos que los solicitantes deben cumplir para evitar fraudes en el proceso.

Los requisitos se dividen en fases de preguntas muy sencillas, pero que arrojan si el solicitante cumple o no con lo requerido para poder completar un crédito en un tiempo determinado, cosa que es bastante importante para que todo quede bajo legalidad.

Además de ello, la plataforma solicita una serie de documentación que hará el proceso mucho más legal, esto con el fin de que no hayan malentendidos, es decir, que sea algo ficticio, poseen una atención al usuario las 24 horas del día, se encargan de responder las dudas que surjan puesto que siempre existe el temor de no poder completar el crédito, las tasas de intereses, los plazos, el porcentaje que tendrá el prestamista, entre otras cosas que ellos como expertos pueden aclarar sin ningún inconveniente.

Juan Carlos le dio un toque diferente a la plataforma, mediante la seguridad que le brinda al usuario.

Recuerda que quienes solicitan un crédito, tienen múltiples dudas y que todo el equipo de trabajo de Doopla se tome el tiempo para aclararlas mediante consultorías personalizadas, es realmente maravilloso y es lo que los usuarios premian día tras día.

Han aprobado crédito que van desde los $5.000 hasta $300.000 pesos mexicanos, su creador asegura que es casi imposible que quienes sean escogidos para un crédito de este tipo fracasen en el pago de los mismos, debido a que el porcentaje es mucho más bajo de lo que se puede conseguir en cualquier otra parte del mundo.

Además de ello, estudian el proyecto a desarrollar para analizar el alcance, lo que convierte a Doopla en una de las plataformas más desarrolladas en el ramo.

En Doopla como hay requisitos para solicitantes, también aplican para los prestamistas.

Claro está, la documentación requerida es mucho más baja o diferente que la que se le pide a los solicitantes, pero es una documentación necesaria para evitar que haya transacciones ilícitas en su plataforma.

Además de ello, Juan Carlos explica que se le indica a los prestamistas que diversifiquen su dinero, es decir, que escojan varios solicitantes y presten cantidades a estos, con el fin de que el riesgo sea menor.

Aunque al convertirse en solicitantes, éstos han pasado la serie de filtros que deja atrás cualquier riesgo de que la inversión no retorne a manos de sus inversores, en el mundo de los negocios todo es posible, por eso le aconsejan esto a los inversionistas.

Juan Carlos indica que al ser una plataforma súper dinámica y con alta tecnología, ofrece una interacción inmediata de personas, disminuyendo el paso de intermediarios, lo que hace que la actividad en ella sea mucho más fácil y la tasa de intereses sea la más baja del mercado.

Su creador explica que al realizar el análisis de la competencia se encontraron con una tasa de 63% mucho más alta que lo ofrece Doopla, por eso se ha convertido en la plataforma de préstamos más escogida en toda la república mexicana.

Él explica que lo más duro que le ha tocado vivir como emprendedor, es la fase que todo ser humano atraviesa y es la del perfeccionismo.

Muchas veces los emprendedores atraviesan etapas donde quieren que todo salga perfecto y esto puede ser un obstáculo bastante grande, porque a la hora de emprender, no todo va a salir como se quiere.

Van a haber cosas que se salgan de tus manos y tienes que estar preparado para esto.

Aprender a que te digan que no, que no atiendan tus llamadas, acudir a múltiples entrevistas y sitios que ni conoces, pero que debes ir, porque es lo que se te indica para que accedas a un crédito sin obtener una respuesta, son algunas de las cosas que más duelen en un emprendimiento.

Y así como lo indica Juan Carlos, tú debes tenerlo claro también, el camino no es sencillo, nada será ni tiene que ser sencillo, debes tener la fortaleza en tus manos para poder continuar con eso tan anhelado, nunca perder tu objetivo, es la clave de todo y así sin importar cuántas veces caigas, vas a poder levantarte.

Juan Carlos comenta que el mayor consejo que le puede dar a las personas que están pensando en emprender, es que inviertan el tiempo necesario en la planificación, esta será la base de lo que hagan y tener buenos cimientos hará que la construcción de tus metas y sueños sea verdaderamente sólida.

No tengas miedo a tomarte el tiempo que necesites para planificar estrategias, realizar registros, estudiar el mercado y sobre todo a la competencia, esto te hará ver el panorama desde un punto de vista muchísimo más claro

Vas a tener tu propio termómetro y nadie podrá decirte qué no puedes intentarlo o qué es lo que debes hacer, porque tú tienes los conocimientos necesarios para ello, conocerás ese nicho de mercado al que vas a atacar y entenderás la necesidad a la perfección.

Es por ello que desde el principio hemos comentado que cuando ataques una necesidad, el ideal es que seas parte de ese nicho de mercado, así todo te resultará más sencillo.

A veces exponer una idea, te vuelve un blanco para recibir como respuesta un rotundo "No" y eso fue justo lo que le sucedió a Juan Carlos con Doopla, dice que no contabilizó la cantidad de veces que recibió un "no" cuando presentó su propuesta.

Eran más las reprobaciones que las aprobaciones, pero eso nunca lo hizo desistir, más bien, lo motivó pensando que las empresas como Google, Facebook, Uber y muchas más, recibieron muchísimos "no" antes de encontrar ese rotundo "sí."

Solo necesitas creer en ti, por supuesto, que alguien más crea que puedes hacer algo increíble es aún mejor, recuerda no se trata de nadar contra la corriente, aunque a veces es bueno en los emprendimientos, no siempre es así.

Es bueno escuchar a los demás a nuestro alrededor, pero no más de la cuenta, por eso al conocer a tu mercado meta, sabrás si tu idea va a ser buena o no.

Juan Carlos explica que su más grande motivación es la pasión por lo que hace y es lo que queremos que veas de ahora en adelante, que te enamores de lo que estás queriendo hacer y lo hagas muy tuyo, que se vuelva parte de ti, algo que vas a tener que guardar como un tesoro y que se convertirá en tu mayor orgullo.

Él comenta que no debe verse como una carrera de velocidad de 100 metros, pero que sí se puede ver como un maratón, porque vas conquistando poco a poco con esfuerzo, constancia y dedicación, estos deben ser tus principales valores, ver las cosas como algo a largo plazo va a ser fundamental.

Visualízate con ese sueño bajo tus brazos, persigue esa idea que tanto anhelas y te aseguramos que tendrás el éxito de tu lado, recuerda que no hay peor batalla que la que no peleas, debes dar el todo para cumplir ese sueño tal y como lo hizo Juan Carlos.

Para él no hay mejor inversión que los consejos de amigos y mentores, estos dan un valor inimaginable para la vida.

Lo que te decimos es que te tomes el tiempo para conversar con personas que aprecias, no personas que te quieran sacar provecho ni mucho menos, solamente personas que aporten algo importante a tu vida y sobre todo a tu emprendimiento, no hay nada mejor que esto, allí podrás recibir consejos y críticas que te servirán para tomar decisiones acertadas para tu vida.

Este gran emprendedor estudió un Master of Business Administration (MBA) el cual fue la base para conocer a su mercado potencial, al terminar sus estudios, él trabajó en organismos mexicanos que aprobaban créditos a empresarios, lo que le causó indignación porque se dio cuenta de que eran muy pocos los que tenían acceso y era una especie de círculo vicioso.

Investigó sobre algo parecido a lo que tenía pensado y consiguió en Inglaterra a unos chicos que fundaron un emprendimiento como el que él quería llamado Zopa, también con estudios de MBA como él.

Lo que le hizo pensar que si ellos lo habían logrado en Inglaterra él podía hacer algo como ellos pero en México y fue el momento en el que no dudó ni un segundo y puso el proyecto a andar.

Invirtió parte de su tiempo estudiando el mercado, lo que él llama los cimientos de su emprendimiento, gracias a eso se dio cuenta de que las tasas de intereses eran muy altas y siempre se las quedaban los inversionistas por lo que buscaba tener la menor tasa de intereses para que los beneficiados se vieran realmente beneficiados y no con el agua al cuello, fue así como logró lo que hoy en día es Doopla.

Doopla tiene actualmente más de 7.000 usuarios en su red social principal la cual es Youtube, donde dan a conocer los beneficios de la plataforma y hablan de casos de éxito que ya han atendido.

Para ellos centrar sus estrategias en el marketing digital es prioridad, puesto que pautar de manera tradicional sale excesivamente costoso, además de esto, su emprendimiento es digital, por lo que sería un poco ambiguo hacer publicidad tradicional teniendo tantas ventanas digitales.

Juan Carlos comenta que no hay mejor publicidad que la de los clientes felices, esos lazos que forman tanto con los inversionistas como con los beneficiados, es algo que realmente no tiene precio y son ellos los que hablan por sí solos de la marca, le dan valor a la misma y la impulsan cada día más.

Es esto lo que debes pensar, no hay mejor manera de continuar con un emprendimiento que hacer las cosas con calma y muy bien planificadas tal y como las hizo Juan Carlos.

La prisa solo hará que tengas problemas en el futuro y si puedes evitarlos, será mucho mejor, los obstáculos siempre estarán, pero serán tu fuerza para continuar, lo que te dará el empuje para seguir adelante.

CAPITULO XII

PASO A PASO: VENDE PRODUCTOS FISICOS EN INTERNET, SIN ARRIESGAR TU INVERSIÓN CON DEMASIADO INVENTARIO

¿CUÁNTAS VECES HAS TENIDO UNA NECESIDAD Y NO HAS PENSADO EN QUE PUEDES VENDER LA SOLUCIÓN?

Las ventas a través de internet se han vuelto más y más frecuentes día con día. ¡Gracias Amazon y Google!

Hace unos años veíamos a pocas tiendas dedicarse al sector de la venta online distribuyendo productos en una misma ciudad, después a diferentes partes de un país y luego continuaban expandiéndose a sitios que ni siquiera imaginaban llegar en otro lado del mundo.

El crecimiento de las ventas por internet es gracias al gran alcance que tiene este medio de comunicación y más que un medio de comunicación, podríamos decir que es un medio de conexión.

El nivel de conectividad es evidente porque a cada segundo que pasa, millones de personas se conectan a la red para buscar artículos de su interés que puedan adquirir y que lleguen a cualquier sitio en el que ellos se encuentren, sin la necesidad de movilizarse hasta una tienda.

Y esto ha tenido auge porque pueden evitar exponerse al tráfico y ahorrar tiempo, la realidad es que con la facilidad del e-commerce los usuarios pueden acceder a innumerables catálogos de productos donde escogen lo que quieren, no necesitan de vendedores ni de probadores y mucho menos salir de su casa.

Ellos por sí solos deciden de acuerdo a las características del producto y a las necesidades que buscan satisfacer.

No obstante, darle un valor agregado y diferenciación a los productos que se ofrecen ha sido una fase bastante interesante en la era digital.

En este capítulo te mostraré cómo se pueden vender productos físicos dentro de internet y poder analizarlo desde una perspectiva más real y tangible que no te asfixie.

Recuerda que la filosofía del diginauta predica que tu manera de generar ingresos no debe sentirse como una carga, para que inviertas el menor tiempo posible y puedas vivir esas experiencias únicas que tanto has querido vivir por muchos años.

Eso es lo que queremos para ti. Veremos un ejemplo muy claro de ventas de productos físicos por internet. Dejaremos a Esteban atrás por un momento y hablaremos de Ana.

Ana era una chica que trabajaba en un despacho de arquitectos y ya había escalado casi todos los peldaños posibles para su profesión.

Había dedicado 14 años de su vida laboral a este despacho, desde que egresó de la universidad cuando tenía 22 años de edad.

El sueldo que recibía era bueno, constantemente recibía aumentos y bonificaciones, nada mal para una chica de su edad, alcanzaba a cubrir sus gastos sin ningún inconveniente.

Su sueldo la tenía tranquila desde entonces, todo parecía tenerla realmente cómoda cuando veía su vida desde afuera, pero en su interior ella estaba preparada para cambiar radicalmente su estilo de vida.

Se sentía atrapada y eso la agobiaba, no era lo que ella necesitaba, si bien estaba realizándose a nivel profesional, como persona ya sentía que no iba a dar más donde estaba y no quería que esto le generara problemas ni a ella ni a la organización para la cual laboraba.

No era que se sintiera inconforme con las oportunidades que allí le brindaban, simplemente su puesto no le permitía dejar de trabajar una o dos semanas fuera de la modalidad presencial.

En ocasiones, Ana no podía despegarse de sus labores en el despacho durante la mañana o en la tarde para poder realizar alguna diligencia o tomarse un respiro.

Obviamente tenía sus vacaciones, como todo trabajador, una vez por año, pero no podía ni siquiera saborearlas por su corta duración, igual se sentía atrapada en una especie de camisa de fuerza de la que debía zafarse para poder seguir realizándose como mujer.

Ella sabía que estaba llegando a un tope dentro de la organización y por más que veía la arquitectura como una buena forma de ganar dinero, no estaba enamorada de su profesión como lo estuvo al inicio.

A Ana le llamaba mucho más la atención viajar por el mundo y conocer lugares que siempre veía en fotos y que nunca había tenido el tiempo necesario para conocerlos.

Tenía las posibilidades económicas pero no el tiempo ni la capacidad de trabajar remotamente, ella también pensaba en adentrarse más en culturas de otros países que ya había visitado pero por tener el tiempo limitado en sus vacaciones no podía darse el lujo de quedarse más tiempo.

Soñaba con ya no ser una simple turista, sino ver esos sitios como un lugareño más, que se siente identificado con lo que lo rodea y que siente amor por ello. Ella sabía claramente que una cosa era visitar un sitio por una o dos semanas y otra era quedarse al menos tres meses y conocer la cultura de la zona.

El idioma, la gastronomía, el transporte local de las personas que viven allí, las actividades que hacen a diario, todas esas cosas le llamaba mucho la atención y necesitaba explorarlo por sí misma.

No quería quedarse con cuentos de amigos, ella quería saber que se sentía realmente vivir esa experiencia única.

Ana sabía que el trabajo remoto estaba siendo utilizado por muchas personas a nivel mundial y comenzó poco a poco a delegar funciones y a trabajar desde su casa.

Ya no estaba los cinco días dentro de la oficina, sino que, se tomaba un día para trabajar desde su casa, se sentía mucho más cómoda y explotaba su creatividad.

Supo así que tenía más tiempo y espacio para crear un proyecto propio, para idear en qué invertir ese tiempo que le quedaba estando desde su casa.

Tenía muy claro que ese proyecto en el que iba a trabajar se iba a dirigir a un mercado en el cual ella trabajaba y gracias al ser conocedora de ese nicho, podía saber qué hacer y qué no.

Reconoció que formar parte del nicho de mercado le daba una ventaja sobre su competencia, porque era algo que ella había explorado y por ello tenía en claro sus necesidades, etc.

Y esto ocurría gracias al sencillo hecho de pertenecer al público objetivo al cual buscaba dirigirse.

Ella desconocía a qué segmento del mercado iba encaminado su proyecto, pero tuvo una visión mucho más clara cuando le dio un vistazo rápido a su ropero y se dio cuenta que tenía un alto interés por los productos hechos de piel.

Su ropero estaba conformado por botas, abrigos, cinturones y accesorios elaborados de piel, fue allí cuando descubrió lo que iba a vender. Rápidamente observó su entorno y reconoció que su situación geográfica la iba a favorecer, ella se encontraba en León, Guanajuato, en la República Mexicana, allí miles de artesanos diariamente venden sus productos hechos de estos materiales a unos costos que difícilmente se puedan encontrar en otras ciudades a nivel mundial.

Ana hizo un estudio inmediato del mercado y supo que encontrándose en esta zona, de la mano de los artesanos iba a obtener los productos con una ventaja en cuanto a precio a diferencia de su competencia en algún otro país de Latinoamérica, en los Estados Unidos o Europa.

Inclusive, Ana investigó unas horas más y descubrió que en países más alejados, como Australia y Noruega, la piel tiene un valor mayor, dando así paso a un mercado internacional que ella antes no conocía.

Teniendo en mente la ventaja de su ubicación, ella enlistó los productos que le darían la posibilidad de generar ingresos en una moneda extranjera con márgenes de ganancia mayores a los que podía tener en cualquier otro medio.

Todo su estudio de mercado lo realizó a través de internet, buscando productos en páginas de estos países europeos, también en Australia y Estados Unidos.

Ana verificó los catálogos de productos de piel en varios sitios web de estos países lejanos y estudió más en detalle los precios que ofrecían las marcas más famosas dentro de cada tienda en línea.

Ella sabía que habían ciertas marcas que eran mejor que otras, recordemos que ella formaba parte del segmento de mercado que se obsesionaba por productos de piel.

Conocer de la industria le hizo mucho más fácil buscar las marcas, modelos y productos, hasta conocía los colores preferidos de ese público.

Sus conocimientos ayudaron mucho a la búsqueda en todos los sitios que vendían artículos de piel. En específico, Ana buscó el precio de un sombrero moldeable de piel y comparó los precios entre las marcas que ella conocía.

El sombrero era muy similar al que Ana había comprado ya hace unos años en León, esto fue para ella una sorpresa, algo que realmente no se esperaba encontrar en el mercado, quizás iba a variar un poco el precio pero no a tal magnitud.

El precio promedio que encontró fue en todas estas tiendas y catálogos por internet se vendía entre $89 y $119 dólares.

Los precios de los sombreros sorprendieron a Ana. ¡Ella lo había comprado por $350 pesos o el equivalente a $17.5 dólares a cambio de $20 pesos por dólar!

Claro está, ella se encontraba en la zona donde se producía la mercancía y obviamente el precio podría ser más bajo que en otras zonas, pero jamás pensó que había una variación tan impresionante como esta.

En ese momento, al ver los precios de algo que para ella había costado tan barato, tomó la iniciativa de convertirse en diginauta. Si vendía el producto en unos $104 dólares, un precio entre el promedio que encontró, podría estar generando una ganancia de $86.5 dólares por pieza.

Podría empezar a vender sin tener que invertir mucho tiempo en producción y por supuesto sin tener que invertir un gran capital, puesto que estaría adquiriendo el efectivo con la compra que se generaba desde la web.

Vender productos físicos y enviarlos por paquetería es algo bastante sencillo en estos tiempos, así ella iba a poder enviar sombreros a todo el mundo desde su ciudad natal, generando ganancias en moneda extranjera.

Al mismo tiempo, Ana podría darle un valor agregado a los productos, podría dar a conocer la cultura de su zona y de los artesanos, esto la iba a llevar a posicionarse poco a poco en el mercado para alcanzar más clientes.

Así de sencillo funciona el comercio, encuentras un producto a un precio y lo revendes a otro precio, llevándote una ganancia en el proceso. Me gustaría que te tatuaras esto en alguna parte de tu cuerpo como parte del cambio hacia la vida de diginauta.

Solo bromeo, no vayas a tatuarte eso, es un decir, pero si lo haces envíamelo por correo electrónico.

De la misma manera en que Ana ya conocía ligeramente sus gustos por la ropa hecha de piel, si tú eres parte del segmento del mercado al que quieres venderle, se te va a hacer mucho más fácil encontrar un producto con potencial.

Tú también puedes descubrir un producto como lo hizo Ana y es justamente lo que quiero que hagas. Una vez que encuentres ese producto físico al que le veas potencial de venta, el próximo paso será probar la demanda por ese producto.

Para descubrir si el producto realmente tiene un potencial de venta debes estudiar los sitios más populares de esa industria.

Una sencilla búsqueda en Google te ayudará a identificar los sitios que se encuentran en los primeros resultados de la búsqueda.

Al igual que con las revistas, dentro de estos sitios vas a buscar y analizar los elementos más importantes. Los elementos más importantes de un e-commerce son los colores, las descripciones de los productos, las modalidades de pago, el tiempo de carga del sitio, el estilo de imágenes promocionales que muestran personas dándole uso al producto, la redacción publicitaria dentro del sitio y algunos otros detalles más que consideres relevantes.

Durante el ejercicio vas a realizar un análisis exhaustivo de la competencia, allí vas a tener que hacer tu "benchmark", o punto de referencia, de los sitios web más populares para encontrar las virtudes y debilidades de esa manera, a la hora de vender tu producto, no cometas los mismos errores que ellos, así vas a ir siempre un paso más adelante que tu competencia.

¿Recuerdas a Esteban del capítulo anterior? Seguramente sí.

Al igual que Esteban y sus revistas, vas a tener que buscar elementos similares dentro del sitio web.

A diferencia de él, que buscó dentro de las revistas especializadas, los sitios web serán tus cinco revistas, allí vas a tener que diferenciar y captar unos elementos que no son muy distintos a los que él vio en las revistas.

Debes anotar la respuesta a ¿Qué tipo de elementos conforman el apoyo visual que usan en el sitio web para vender sus productos?

Tu respuesta debe incluir un análisis de las fotografías, las gráficas, los videos y todo lo que tenga que ver en el ámbito visual, puedes tomar nota de las cosas que te llaman la atención

Si los videos cargan de manera correcta o no, si los colores te llaman la atención, si hay algún icono que usan a través de su sitio y que también encontraste en otros sitios.

La segunda pregunta que te debes hacer es ¿Cuáles son los términos o temas que se repiten y que el mercado seguramente considera valiosos?

Aquí, como ya leíste en el capítulo anterior, observar lo que se repite constantemente en sus redacciones va a ser crucial, porque te van a dar la base para poder armar tu contenido.

No necesitas reinventar la rueda, lo que necesitas es abrir bien los ojos y escribir tus descubrimientos.

Por último, pero no menos importante, responde ¿Cuáles son los problemas que soluciona su producto y de qué manera describen los beneficios?

Un producto es una solución a una necesidad o problema.

Por ello debes aprender cómo abordar de manera oportuna los dolores o necesidades de tu audiencia para que tu producto se convierta en la solución a esos problemas.

El objetivo es ser percibido como una solución en forma de producto. ¿Quieres verte bien y portar un sombrero hecho con una calidad de piel que dure toda la vida? ¿No has encontrado una calidad que se adapte a tus gustos? Para todas esas cuestiones, Ana puede posicionar su sombrero como la gran solución.

Estos tres elementos van a bastar para que realices tu análisis a profundidad y encuentres ese producto que tanto necesitas, es simple comercio, solo debes intentarlo y estudiar bien las posibilidades que hay.

Si sabes que hay un producto que tienes al alcance de tu ubicación geográfica y puedes venderlo en moneda extranjera, hazlo, no te limites, debes tener la motivación de innovar en todo momento.

Si te paralizas ante la posibilidad de fracasar, antes de comenzar ya habrás fracasado. Dile que sí a una oportunidad y descubre ese nicho de mercado donde puedas plantarte y clavar esa bandera que te hará diferente de la competencia.

Lo importante es que conozcas las oportunidades que tienes a tu alrededor, porque con ellas vas a poder potenciar tu idea.

Ya no necesitas viajar físicamente por todo el mundo para vender a una audiencia internacional porque con el servicio de paquetería puedes enviar productos a cualquier parte del mundo.

Así vas a tener tus gastos en moneda local pero ganarás en moneda extranjera y podrás aliviar tus gastos que te preocupaban mensualmente.

En el caso específico de Ana y sus sombreros, ella visualizó y analizó cada sitio web del nicho de mercado que escogió y se dio cuenta que todos los sitios utilizaban fotos de los diferentes ángulos del sombrero, mostrando muy bien la pieza sin dejar nada a la imaginación.

Ser transparente es muy importante en este mundo digital porque el cliente es un investigador constante y al no tener las características de tus productos dentro de las fotografías, comenzarán a dudar de ti y es lo que menos quieres.

Recuerda que un cliente satisfecho con tu producto atraerá a más clientes con sus comentarios. Las recomendaciones serán algo invaluable, porque será publicidad sin necesidad de pagarla.

Ana también se encontró con descripciones breves de los sitios donde se fabricaban las piezas y lo que en ello se mostraban.

Ella vio la oportunidad de mostrar las bondades de León, quizás hablar un poco de su cultura, de su gente, de las actividades diarias que hacían en la ciudad, de qué manera se trabaja cada material para darle ese terminado tan especial de la zona y hasta el tipo de gastronomía típica de la ciudad.

No era algo común, pero era información extra que transportaba, de manera figurada, al posible comprador hasta la ciudad donde se fabricaban los productos que estaba adquiriendo.

Ana entendió que existían términos que describen el nivel de calidad de la piel y la comodidad de los sombreros, ellos significaban atributos específicos, desde como se había alimentado el ganado hasta los recubrimientos y cómo se trataba la piel para darle cierto efecto.

Asimismo, los sitios le informaban a los clientes en las descripciones de cada producto el tiempo que iba a tardar en recibir el producto una vez que lo ordenara.

La información de la espera del envío brindaba fe de que el producto estaría en sus manos en un tiempo determinado y también publicaban el número de atención al cliente para cualquier cuestión referente a su orden.

Cuando Ana terminó de recaudar toda la información posible acerca del producto y la manera en que sitios populares lo promovían, llegó la hora de probar la demanda.

Quizá es común pensar en que siempre debes invertir en publicidad para poder lanzar tu producto y no es así, no todos los productos requieren publicidad pagada para saber si van a funcionar.

Si bien eventualmente es necesario acompañar tu emprendimiento de publicidad, de primera mano no debes invertir en ello, debes conocer si tu precio y oferta es competente dentro de tu mercado pero existen alternativas al gasto por tráfico.

No con esto te estamos diciendo que hacer publicidad es malo pero sí que en la mayoría de los casos no es lo aconsejable en un inicio.

Recuerda que la publicidad puede llegar a ser costosa y no quiero que tu inversión supere los $500 dólares.

Al pensar en el inicio de tus ventas debes comenzar en sitios como

Ebay, Facebook Marketplace o algún clasificado gratuito donde es muy sencillo fijar el precio base de tu producto.

No necesitas ser un experto en el tema, ya toda la investigación la habrás hecho pero estas plataformas serán tu vitrina donde darás a conocer tus productos, allí no va a haber un límite ni te cobrarán por estar presente.

La mayoría de estas plataformas son bastante flexibles y de uso fácil.

Veamos como lo hizo Ana, quien sabía que tenía que vender sus sombreros en un rango entre $89 y $119 dólares para tener un margen considerable.

Para ver cómo respondían los consumidores a su producto, decidió ponerlo en venta en $89, lo acompañó con una descripción como la que te comentamos anteriormente, bien jugosa y con valores altos para que les llamara la atención a sus posibles compradores.

De igual forma le incluyó fotos de distintos ángulos del producto mostrando sus atributos en pleno, no se escondió absolutamente nada, al paso de un tiempo pudo medir la reacción del público y ver si era o no favorable para ese mercado.

Es justo lo que queremos que tú hagas, ella exploró ese mercado de una forma profunda y no le costó nada.

Tú también puedes hacerlo con tus productos, en estas plataformas puedes cancelar la venta del producto antes de que termine la subasta y analizar cuánta gente te envió un mensaje preguntando precios, para medir cuántas personas estuvieron interesadas en el producto al precio que lo ofreciste.

Este método que te comentamos es la manera menos arriesgada de mostrar tu producto sin gastar un centavo.

Ya sabes que queremos que ahorres para otras cosas, no necesitas gastar cuando estás haciendo un simple análisis.

Créeme, no es nada alocado, al contrario, estoy mostrándote cómo proteger tu capital de la mejor manera, así vas a darte cuenta si el precio fijado es el que verdaderamente tu público objetivo premiará.

Ya cuando estés en este punto y hayas comprobado que el precio que fijaste por tu producto es realmente viable para la venta, vas a enfocarte en enviar tráfico hacia tu oferta, donde sea que se encuentre.

Luego de este filtro que realizamos en plataformas gratuitas, vas a poder comprar publicidad por internet que lleve a las visitas hasta la descripción de tu producto.

El tráfico pagado con el fin de que se conviertan en clientes verdaderos, va a captar su atención con tu increíble oferta porque ya sabes que tienes un precio realmente competitivo en el mercado.

Todo tráfico en internet se mide en clicks, cada vez que alguien le da click a la imagen de tu producto debes pagar por ello, pero solo te cobran cuando alguien da click, nunca antes.

Al pagar por estos clicks, buscadores o redes sociales van a posicionar tu anuncio frente a sus usuarios con el objetivo de que den click a tu oferta, cuando le den click recibirás un cobro a tu cuenta de publicidad pagada.

En Google pagas por keyword o "palabra clave" y en redes sociales puedes segmentar tu público de acuerdo a su edad, ubicación geográfica, género y gustos para mostrarles imágenes o videos que fomenten dar click en tu oferta. Todos los buscadores y todas las redes sociales ofrecen la facilidad de comprar tráfico por medio de ellas.

Cuando comenzó a ser común el uso del internet, no existían tantas maneras de comprar tráfico en la web, hoy en día existen más de las que te puedas imaginar y hay para todo tipo de público.

Vamos a regresar al costo por click. El costo por click garantiza que el tráfico llegue a tu oferta, que esa persona consiga ver tu producto y esto únicamente generará un costo si la persona da click a la imagen que le llevará como visita al sitio donde está publicado tu producto, ahí habrá una opción de compra y un método de pago para que los interesados te proporcionen su número de tarjeta de crédito y recibas tu pago.

Es decir, si alguien se interesa lo suficiente por conocer tu oferta, este anuncio envía a tu posible cliente a donde tú quieras, en este caso quieres que visite el sitio de compra.

Las plataformas deciden los precios de los clicks basados en la competencia que haya entre empresas y publicistas por cierta frase o por alcanzar a cierto segmento del mercado.

El precio por un click a la frase "medicina para cáncer" será mucho mayor que el precio por un click a la frase "botella de aspirinas" porque las compañías que venden medicina para cáncer venden sus precios elevados (permitiendo pagar más por click) a comparación con alguna empresa que vende una botella de aspirinas por un precio mucho menor (limitando lo que pueden llegar a gastar por click).

Otro factor que define el costo por un click es la ubicación geográfica del público al que te interesa llegar, no en todas las ciudades o países el costo por click tiene el mismo precio.

En Estados Unidos va a costar más caro comprar un click que en Somalia porque los estadounidenses cuentan con mayor poder adquisitivo que los somalíes.

Comprar tráfico por internet es un tema al cual podríamos dedicar todo un libro, hablando de compra de publicidad en buscadores como Google o Youtube, o por medio de redes de afiliados como Rakuten y Commission Junkie, ahorita lo que necesitas saber es que el tráfico en internet se compra y se resume en clicks, clicks que causan que tus productos sean vistos por tus futuros clientes.

En el caso de Ana, ella decidió comprar clicks para enviar tráfico a sus sombreros por medio de Google, esto lo hizo después de que comprobó que el precio era recibido de manera positiva por su público que buscaba sombreros similares por Ebay a un costo de $104 dólares.

Por Ebay y por Facebook Marketplace obtuvo muchas solicitudes de personas que estaban dispuestas a comprarlos en $104 dólares.

Ana usó este resultado positivo para iniciar una campaña por Google Adwords e introdujo todas las recomendaciones de variaciones de "leather hat", "brown leather hat" y "buy leather hat online" que la misma plataforma le empezó a arrojar.

Como a Google le interesa que más personas como tú compren publicidad por medio de su plataforma, facilita la identificación de los keywords que tus prospectos ya están buscando por medio del buscador.

Después de una semana gastando $15 dólares al día, Ana estaba pagando en promedio $4 por click. Es decir, cada vez que alguien le daba click a su anuncio en Google, ella recibía un cobro de $4 y ella estaba teniendo un porcentaje de conversión de 10%.

Un porcentaje de conversión del 10% significa que de cada 10 personas que le daban click a su anuncio, solamente una compraba el producto.

Teniendo en mente este precio por click ($4) y que necesitaba diez clicks para vender un sombrero, cada venta le costaba aproximadamente $40 dólares en cuanto a tráfico pagado.

El costo por el tráfico no era su único costo, a esto le agregaba el costo del sombrero (que ya le salía en $10 dólares después de haber llegado a un acuerdo de comprar a precio de mayoreo) y el costo de envío usando Logística de Amazon (le costaba $10 enviarlo a San Francisco, California) llegando a $60 dólares de costo por un sombrero ya puesto en la puerta de su cliente.

Vendiendo a $104 dólares y con un costo de $60 dólares, Ana llegó a tener una ganancia de $44 dólares por cada sombrero que vendía y poco a poco fue incrementando la compra de clicks hasta que pudo vender diez sombreros por semana.

Al vender diez sombreros, Ana estaba ganando $440 dolares por semana, cosa que antes obviamente no tenía y que había podido gestar por medio de internet de manera muy sencilla.

Ana comprendió que estos embudos de venta por internet eran clave para su negocio. Optimizar todo el embudo o secciones del mismo, iba a reducir sus costos para que ella pudiera obtener una mayor ganancia.

Al intentar la compra de clicks a través de Instagram y Facebook, los cuales son mucho más baratos e incluyen mejores herramientas para segmentar, Ana se dio cuenta que el tráfico empezó a costarle menos.

Con sus optimizaciones y con un tráfico más barato y segmentado, Ana pudo reducir el costo por adquisición de cada cliente para eventualmente ganar más por cada venta de sombrero.

Somos escasos los que realmente comprendemos cómo funcionan las ventas por internet, cuando descubrí estas tácticas y otras que he aprendido a lo largo de los años sentí muy en lo profundo de mi ser, que había descubierto un gran tesoro.

Desde ese momento me he dado a la tarea de compartirle a la mayor cantidad de personas este gran descubrimiento.

Como te comentaba, podría escribir un libro completo para definir y explorar los distintos canales de tráfico y las tácticas para medir el desempeño y así optimizar todos los niveles del embudo (Podría escribirlo en un futuro) pero creo que por lo pronto "¡Despide a tu Patrón!" te puede servir como inspiración para adentrarte y aprender más por tu propia cuenta.

Solo quiero que imagines cómo puedes usar este conocimiento recién adquirido para vender, lo que tu quieras a cualquier persona en el mundo.

El internet y la venta de publicidad han revolucionado el comercio tradicional para siempre, "¡Despide a tu Patrón!" te permite subirte a esta nave y utilizar esa información para que nunca tengas que trabajar como empleado y que puedas vivir la vida bajo tus propios términos.

Ahora, vamos a explorar cómo vender productos que no requieren producción, productos digitales que solo tienes que crear una vez y puedes reproducir millones de veces en un segundo.

CAPITULO XIII

PASO A PASO: CREA Y VENDE PRODUCTOS DIGITALES SIN CONOCIMIENTOS DE PROGRAMACIÓN O DISEÑO WEB

¿TE IMAGINAS QUE ALGO INTANGIBLE TE HAGA GANAR MILES DE DÓLARES... TANGIBLES?

> **" *Debes tener una gran visión y dar pasos muy pequeños para llegar allí. Tienes que ser humilde mientras ejecutas, pero visionario y gigantesco en términos de tu aspiración. En la industria de Internet, no se trata de una gran innovación, se trata de muchas innovaciones pequeñas: todos los días, todas las semanas, todos los meses, haciendo algo un poco mejor.*"**
>
> **- *Jason Calacanis, Inversionista***

En el capítulo anterior analizamos las opciones de venta de productos físicos por internet, sin hacer a un lado el hecho de que la historia de Ana es solo una de las miles que han surgido y encontrado el éxito con el comercio digital.

Ya has visto lo importante que es encontrar un producto y conocer el nicho de mercado al cual pertenece.

Ahora, en este capítulo estaremos revisando a fondo cómo vender productos digitales en la web, si bien podemos vender todo tipo de cosas en la web, los productos digitales han tomado auge en los últimos años.

Cuando mencionamos un producto digital hablamos de cursos, ebooks, info programas, programas web y hasta aplicaciones móviles. Todas estas categorías de productos digitales están al alcance de un click y lo más importante es que no necesitas ser un gran programador ni mucho menos un geek para crear y vender un producto digital.

Es por ello que en este capítulo te voy a mostrar el potencial que tienen estos productos dentro de internet.

Recordemos a Esteban, quien analizó una serie de revistas, buscando los elementos recurrentes en ellas que le permitieran comprender un poco más el segmento del mercado al cual se iba a dirigir.

El segmento del ciclismo de montaña, que era el que escogió porque pertenecía a este y lo conocía a la perfección, contaba con varios elementos que regresaban una y otra vez en las publicaciones.

Como lo vimos en los capítulos anteriores, esto le ayudó a planear cómo se iba a dirigir a los posibles clientes y que iba a hacer para conseguirlos.

En su análisis, se dio cuenta de temas que desconocía sobre el ciclismo de montaña y aprender acerca de ellos lo enriqueció como profesional en el ramo, pero a Esteban no solo le bastó con leer revistas especializadas en el ciclismo de montaña, también buscó libros específicos sobre el tema en Amazon, porque en realidad era algo que lo apasionaba.

Recuerda que él era un apasionado por este deporte desde hace unos años, pero hasta ese punto no sabía el gran potencial que tenían los libros de este tema. Cuando descubrió la lista impresionante de libros que ya estaban publicados sobre el tema se llevó una gran sorpresa.

Sobre todo los "best sellers", habían sido tendencia durante mucho tiempo y él apenas estaba entrando a un mundo completamente nuevo, fue cuando supo que existía un mercado potencial importante, vendiendo información acerca del ciclismo de montaña.

Obviamente, Esteban se puso a leer todos estos libros después de adquirirlos en Amazon, poco a poco se fue empapando de lo que venía en cada uno de ellos y apoderándose de ese grandioso conocimiento.

Sin darse cuenta, Esteban se estaba convirtiendo en un experto del ciclismo de montaña. Con tan solo leer cinco libros que compró en internet, aprendió muchas de las cosas que ni siquiera sabía que existían dentro del deporte y se catapultó hacia convertirse en un experto en el tema.

Investigó sobre carreras mundiales y tendencias internacionales, empezó a reconocer a los participantes más famosos de este deporte.

Cuando una persona lee cinco libros especializados en un tema se convierte en "experto". Claro, siempre habrá espacio para seguir aprendiendo y mejorando pero al compararlo con una persona que no sabe nada del tema, el que leyó y se instruyó es percibido verdaderamente como un experto.

Al investigar, leer, analizar y poner en práctica un tema, cualquiera se puede convertir en alguien con experiencia y eso se transforma en algo muy valioso para otros seres humanos que buscan iniciarse en ese conocimiento, es allí cuando descubrimos el valor económico del conocimiento.

Esteban era un experto, tú puedes serlo también.

Al mismo tiempo que leía más y más libros acerca de su pasión, Esteban poco a poco, fue integrándose a grupos especializados en bicicletas de montaña. Con un simple click y pagando una membresía, se inscribió en la Adventure Cycling Association, International Mountain Biking Association e International Cycling Association.

Siendo parte de todas esas organizaciones internacionales, Esteban iba acercándose cada vez más a ser catalogado como un experto en el ciclismo de montaña, no solo por aquellos que apenas estaban iniciando sus actividades en el deporte, sino también era reconocido por otros amantes del deporte como un miembro de la comunidad internacional.

Ya no era solamente un aficionado, sino que ahora daba consejos a principiantes y asistía a conferencias mundiales sobre el tema, esto lo llevó a un nivel más alto de conocimiento, justamente lo que él necesitaba para eventualmente tener la credibilidad suficiente para vender información por internet acerca del ciclismo de montaña.

Lo importante es que busques la información que requieras sobre el ramo que tú elijas, recuerda que al poseer la mayor cantidad de información sobre lo que estás haciendo o el mundo en el cual te vas a sumergir, tendrás mayores posibilidades de éxito.

Si lo piensas bien, tú también puedes inscribirte en tres organizaciones que se especialicen en tu rubro o industria. Cada membresía que pagues es una inversión en ti mismo para continuar creciendo como profesional y aumentar tu expertise en lo que te apasiona.

Recuerda que tu formalización debe ser en algo que verdaderamente te apasione, que disfrutes y conozcas, vamos a dejar la exploración un poco más lejos, aquí ya debes estar por lo menos iniciado en el tema, no puedes tener esbozos de lo que hablas.

En todas las organizaciones profesionales vas a recibir certificados, los cuales son de gran ayuda porque te servirán como aval a la hora de hablar ante una cierta audiencia.

Casi todas estas organizaciones están inscritos a ministerios o son avalados por organismos internacionales, lo que te brinda mucho más peso a la hora de que tú puedas emitir un juicio de valor ante el tema que escojas.

Mientras que ser miembro de una organización profesional es de gran ayuda, convertirte en un líder de opinión acerca del tema también es muy importante.

Una muy buena idea para posicionarse dentro de tu rubro es escribir notas de prensa o artículos. Los medios de comunicación y la prensa escrita siempre se interesan por personas que tengan conocimientos sobre ciertos temas especializados.

Publicar tus escritos en revistas, sitios web o periódicos, te dará renombre y te posicionará como autor y autoridad del tema, claro que esto lo harás después de que te hayas inscrito en las organizaciones de las que platicabamos previamente y cuentes con algunos meses de experiencia que te avalen como conocedor del tema ante los medios de comunicación y el público que te va a leer.

Las personas siempre van a buscar tu talón de Aquiles y no debes permitir que sus ataques o insultos te hagan ruido. Recuerda que tu estas quedando bien con nadie más que contigo mismo, si te tachan de inexperto lo mejor que puedes hacer es ignorarlos por completo, ya sabemos que siempre hay alguien que cree saber más o se siente un sabelotodo, muchas veces hasta se sienten bien intentando hacer sentir mal o inferiores a los demás, a esa clase de personas es mejor ni siquiera considerarlas como un crítica constructiva.

Por lo tanto, debes conocer a la perfección del tema que estás hablando, otra idea que puedes implementar para posicionarte es abrir un blog en algún sitio web.

Verás que poco a poco las personas interesadas por el tema del cual estás escribiendo van a comenzar a leer tus artículos en este blog, eso te dará mucho renombre dentro de la industria y los ojos se van a posicionar sobre ti.

Podrás compartirle a tus amigos y seres queridos tus escritos para iniciar y si después decides crear contenido audiovisual recuerda que el video es una gran opción, especialmente si ya has conseguido fluidez al hablar sobre el tema.

Lo importante es que seas muy profesional a la hora de abordar los temas de los cuales vas a escribir, haciendo un análisis como el que ya hiciste dentro de las revistas y sitios web.

Cuando te comento que debes investigar y conocer a fondo el tema del cual vas a hablar es porque debes estar preparado o preparada, tu audiencia va a enviarte preguntas que debes responder de la forma más clara posible.

La facilidad con la cual respondas esas preguntas es una característica crucial para solidificar tu experiencia, porque le vas a brindar un valor agregado a tu público, ofreciéndole una pauta sumamente valiosa. Para ellos tú serás como un maestro que los va a ir guiando, por ello tus errores deben minimizarse a cero y tus dudas ante el tema del que hablas, deben desaparecer.

Adquirir la mayor cantidad de conocimiento acerca de ese tema es crucial, con el simple hecho de haberte dedicado a estudiar, ya sea en las organizaciones que te inscribiste, revistas, conferencias, cursos u otros eventos, serás considerado como un proponente de alto calibre en la industria.

A los ojos de la persona que aprenda de ti, tú eres quien tiene el mayor conocimiento y debes darle el valor adecuado para que ese castillo que estás construyendo tenga bases sólidas, tus conocimientos serán bases de acero que sostendrán todo lo que vendrá después.

Volviendo a la historia de Esteban, el siguiente paso en su nueva vida profesional, fue regresar a su universidad e impartir una conferencia acerca del tema en el que ya se estaba especializando.

El objetivo fue involucrarse con un público menos conocedor del tema del ciclismo de montaña para que al momento de impartir sus conocimientos, él se viese como un verdadero experto.

Era su primera experiencia como expositor en una conferencia, pero lo pondría más cerca de convertirse en una eminencia en el mundo del ciclismo de montaña.

El exponer frente a los estudiantes le dio renombre a Esteban dentro del campus universitario en el cual él había estado años atrás.

Esteban organizó esta conferencia con el apoyo de profesores, los cuales le habían dado clases cuando fue estudiante y así pudo sentirse en confianza a la hora de dar la charla.

Él se presentó frente a los estudiantes de medicina deportiva, con una ponencia enfocada en la recuperación de lesiones de rodilla y como el ciclismo de montaña ayudaba a estos pacientes que habían sufrido alguna lesión a recuperarse paulatinamente.

Logrando así conjugar una de las carreras que impartía la universidad con lo que le apasionaba.

No fue tan difícil, aunque él no sabía mucho de medicina, en sus viajes aprendió un poco del tema, porque al estar rodeado de personas que practican este deporte presenció muchas lesiones y fue testigo de cómo lidiaron sus compañeros con la recuperación, se dio cuenta de qué funcionaba y que no.

La conferencia fue su punto de inicio, ¿quién mejor que una persona que practica un deporte para hablar de cómo se recuperan los deportistas de ciertas lesiones?.

Fue así como compartió su experiencia con los estudiantes de medicina que sin duda alguna se interesaron por el tema y se convirtieron en seguidores de Esteban.

Él egresó de una de las mejores universidades de su ciudad natal, lo que hizo más sencillo llevar su conferencia a otras dos universidades cercanas.

Para ello se documentó más, buscó nuevos artículos sobre las lesiones que sufren las personas en las rodillas y como el ciclismo podía ayudarlas.

Con el tiempo, Esteban necesitaba documentarse cada vez más para estar preparado ante cualquier pregunta del público que iba a asistir a las otras conferencias.

A los pocos meses, Esteban era una persona reconocida dentro del medio de la medicina deportiva, abordaba el tema con más facilidad que algunos médicos, lo que ayudó a ello fue su experiencia en el mundo del ciclismo, por eso te insisto que al estar inmerso en un ramo o nicho de mercado se te hará mucho más fácil abordar temas y convertirte en experto.

Para ese entonces, Esteban ya había estado frente a tres de las universidades más importantes de la zona hablando del tema del ciclismo de montaña, algo que sin duda le apasionaba cada día más.

Pasó de ser un hobby a un espectacular estilo de vida, además de que era miembro de las tres organizaciones más importantes a nivel mundial referente al ciclismo de montaña.

Aunque se convirtió en experto acreditado con solo tres meses, para cualquier persona que lo conociera por primera vez, Esteban era un exponente codiciado dentro de su segmento del mercado, no importaba cuánto tiempo le había tomado conseguir sus insignias, lo que importaba era el conocimiento que había adquirido, como lo impartía y como lo percibía el público.

Respondía a las preguntas que sus seguidores hacían desde un punto de vista práctico y dinámico, lo que hacía que llamara la atención a más y más personas, pasó de ser un simple aficionado a un verdadero conocedor del tema del ciclismo de montaña.

Ahora bien, debes tener algo muy en claro cuando pienses en generar un nuevo producto por internet, cada vez que surge un producto nuevo en internet, se le atribuye su creación a una organización o a la persona.

La atribución a una persona u organización es con el fin de respaldar que la información contenida en esos documentos, videos, podcast o cualquier otro medio, es real y creada por alguien con autoridad, por ello los usuarios valoran más su inversión al comprarlo. Por lo que debe ser algo que se distinga de la competencia.

Aquí entra el tema de contenido propio, creativo y altamente comunicativo, cuando un producto digital se lanza en internet y es atribuido a un individuo, este debe contar con validación y soporte que le brinden un valor incalculable a ese producto.

El valor de un producto, llama la atención de más personas y buscan adquirirlo, pero recuerda que la web está llena de información y es por ello que no puedes pensar en crear un producto digital basado o copiado de otros, debes ofrecer contenido único para que puedas generar esa credibilidad y confianza que tanto necesitas para posicionarte.

Una vez que logres el posicionamiento, el resto será historia. No me gustaría en absoluto que seas una copia de otro generador de información, puedes tomar ideas, puedes leer sobre lo que se está haciendo en la industria, pero jamás debes copiar el contenido de alguien para así sacar un producto y hacerlo llamar propio.

El plagio es ilegal, nada ético y tu reputación se irá al suelo. Y después, será muy difícil que mejore, las etiquetas que nos coloca el público son fuertes y vas a ser criticado por un largo periodo de tiempo, recuerda que en internet se queda registro de todo, así que no te vayas por ese camino.

En la mayoría de los casos incluso puedes enfrentar demandas porque hay ciertos contenidos que se encuentran registrados bajo un nombre o una marca y no pueden copiarse. Por ello debes investigar y no hacer lo que hacen los demás, debes darle un toque personal a todo lo que generes en internet.

Puesto que con la llegada del comercio digital la información se masificó de una manera inimaginable, se abrieron las puertas a la venta de información como nunca había ocurrido en la historia, lo que se comparte a diario en línea puede llegar a tener un valor tan importante para quienes la perciben que incluso podrían pagar cientos o miles de dólares por ella si está empaquetada de manera correcta.

La información valiosa puede venderse por el simple derecho de poder acceder a ella sin restricciones, ahí es donde se comienza a ver la monetización por internet, es por ello que se ha convertido en uno de los productos más vendidos por internet.

La información, sin lugar a dudas se ha convertido en una fuente estable de ingresos para miles de personas a nivel mundial, abarca desde libros hasta cursos por internet, que con el simple hecho de generar una credencial avalada por algún organismo, tiene un valor sumamente importante para quienes la consumen.

Es impresionante como cada año se crean nuevos productos y empresas trasnacionales que se basan en la venta de información por internet.

La información puede transformarse de diferentes maneras para ser consumida de acuerdo al público en que se enfoca.

Existen los libros digitales, los cursos virtuales, los sets de herramientas, los webinars, el software como producto, la consultoría, las membresías a plataformas de información y los reportes o auditorías.

También existen otras formas pero estas son las más comunes en internet y son las que han dado un excelente resultado en los últimos años.

De estas formas que te mencionamos anteriormente se desprenden un sinfín de subtipos dirigidos a un nicho específico de mercado.

Por ejemplo, las dietas y planes nutricionales aún siguen siendo una guía indispensable en la vida de muchas personas y su venta se ha difundido por todos lados.

Existen sitios específicos donde se venden dietas realizadas por especialistas para personas que sufren de diabetes, para personas veganas, para personas que quieren bajar de peso, para personas que sufren de hipertensión arterial, podríamos seguir para darnos cuenta de que es un gran número, pero por el momento, con las que te menciono, te puedes dar una idea de lo amplio que es este sector.

Por otra parte, los accesos virtuales a conferencias internacionales también se han convertido en una forma de generar ingresos por internet. Antes era muy común que muchas personas quisieran asistir a alguna conferencia importante pero la ubicación era un factor que les impedía asistir físicamente.

Actualmente, miles de conferencias se transmiten en vivo a diario sin que te pierdas un solo detalle.

Los organizadores crean sitios web específicos para que los interesados puedan pagar su entrada y disfrutar de la conferencia en vivo, justamente como ocurre cuando se está presente en la sede del evento. Mejor aún, si no puedes conectarte y asistir en vivo, ellos la graban para que tú la disfrutes en cualquier momento que dispongas de tiempo.

Las charlas corporativas y especializadas (Master Classes) son otra forma en la que se está monetizando por internet.

Los cursos intensivos (bootcamps digitales) se han convertido en algo verdaderamente mágico y de gran utilidad, personas de todo el mundo buscan estos recursos para poder aprender sobre un tema en específico en la menor cantidad de tiempo y bajo su propio ritmo.

La venta de información por internet se ha facilitado sin la necesidad de movilizarse a un sitio físico, independientemente si la causa es falta de tiempo o presupuesto, adquirir los conocimientos por medio de una interfaz, ofrece certificados digitales que se pueden incluir en tu hoja de vida sin inconvenientes.

Las asesorías grupales para empresas son otro ejemplo de la venta de información por internet. Las empresas buscan ayuda de los asesores online, de manera que realizan los análisis y las reuniones pertinentes desde Skype, Zoom o Google Hangouts, por mencionar algunas herramientas.

Otro ejemplo son los templetes de diseño y las presentaciones, gracias a que pueden descargarse al pagar una membresía mensual en sitios web donde diseñadores de todo el mundo ponen a disposición plantillas que pueden ser modificadas para uso personal.

Entre esta información visual se pueden encontrar diplomas, infografías, temas, artes, todo esto visto desde un punto realmente monetizado.

Las guías y los ebooks también son un producto que en la actualidad son comprados en una cantidad elevada. La característica principal de estos productos es que son completamente digitales, seguramente ya te habrás dado cuenta de la facilidad que existe al distribuirlos y lo mejor de todo es que una vez que los producen no necesitan hacerlo nuevamente, así también cuidamos recursos naturales y ayudamos a nuestro planeta.

Para darle mantenimiento y actualizar los productos solo necesitas hacer algunos ajustes pero no debes comenzar otra vez desde cero y esta es una gran ventaja.

Otra característica importante es que no requieren de un costo de envío porque estarán disponibles para que los usuarios los descarguen una vez te paguen por ellos.

Aunado a esto, los productos digitales no tienen una fecha de caducidad ni requieren de una ubicación física para ser vendidos, lo que los convierte en algo sumamente deseable para cualquier emprendedor que no quiera o pueda desembolsar el gasto de pagar el arrendamiento de un inmueble, solo hace falta que estén exhibidos en un sitio altamente transitado en la web.

Un punto a tomar en cuenta es que la presentación del producto digital debe ser muy creativa y atractiva para que llame la atención de los posibles compradores.

No olvidemos a Esteban. Al finalizar sus tres meses de formación en estas organizaciones que te hablamos, Esteban se dio cuenta de que podía crear productos digitales basados en sus conocimientos.

Él se dio cuenta del potencial porque ya era catalogado como un experto en el tema que le apasionaba. Esteban tomó sus experiencias en Suramérica y Centroamérica para convertirlas en vivencias para sus lectores.

Organizó todo lo que vivió con sus compañeros de viaje en una guía que definía los mejores lugares para rodar en el continente, los permisos que se debían tramitar para poder practicar este deporte dentro de cada país, los mejores meses del año para visitar cada sitio de acuerdo al clima de esa zona, las facilidades de acceso y los sitios donde podían acampar si preferían la austeridad.

Algo muy similar a una especie de mapa con todo lo que había vivido y que quería que su público supiera, brindándole información realmente valiosa para quienes nunca han visitado esos lugares y con la experiencia de alguien que ya había estado allí con todo un equipo de ciclistas.

Esteban había encontrado su nicho de mercado y tenía una idea de por dónde podía iniciar, sabía que era algo verdaderamente valioso tener una guía que le presentara todo eso a los ciclistas interesados en recorrer el continente, porque cada vez que él viajaba, perdía tiempo y dinero en recopilar toda la información que quería mostrar en la guía que estaba armando.

Lo que comenzó como una idea para ahorrar tiempo, pasó a ser la forma perfecta de emprender como diginauta, vendiendo esta guía a otros ciclistas que al igual que él, querían visitar estos maravillosos destinos, sin perder tiempo buscando buenos lugares y mejor enfocándose en recorrerlos.

Él tenía muy claro lo que incluiría en su guía, pero también tuvo la idea de incluir más información que él encontraba relevante en sus viajes, tanto para visitantes generales como para ciclistas.

La guía iba evolucionando para venderse como un paquete completo, se podrían incluir vídeos pagados por los hoteles en los que se había hospedado, era una fuente adicional de ingresos, que a la par iban a proporcionar información útil para los que iban a interactuar con su contenido.

Cuando por fin tuvo considerada toda la información que iba a incluir en su producto, Esteban buscó en uno de los sitios de outsourcing a freelancers más completos; Upwork, para que le produjeran los diseños de la primer guía en inglés "A Mountain Biker's Guide to Central America."

El objetivo era crear una guía completa con imágenes de internet obtenidas de sitios como Shutterstock. Que ofrece imágenes libres de derechos de autor a bajo precio, algo que sitios como Pixabay y Google Images también ofrecen de manera gratuita si buscas las que están etiquetadas con la licencia Creative Commons.

De acuerdo al libro "¡Despide a tu Patrón!", Esteban sabía que debía probar su idea con el fin de analizar si era viable con menos de $500 dólares y fue así como la guía en inglés se diseñó por $50 dólares contratando a un diseñador en la India.

Esteban también necesitaba diseñar y crear su landing page y decidió hacerlo por medio de la plataforma Clickfunnels, la cual le permitía una versión de prueba por catorce días, que iban a ser suficientes para que Google aprobara el contenido y le permitiera comprar tráfico hacia la misma.

Él sabía que debía crear su página de aterrizaje para prospectos con una serie de elementos básicos que no se le podían pasar por alto para que tuviese la mejor visión a la hora de que sus posibles clientes ingresaran en ella. Vamos a listar los elementos que necesita toda landing page.

Para comenzar, necesita prueba social, que otras personas validen el producto y le comuniquen a los que puedan estar interesados que vale la pena comprar el producto, es decir, testimoniales y reseñas.

También es necesario dar pruebas de autoridad cuando el producto proviene de alguna persona física, para esta parte, Esteban hablaba en un video de su propia experiencia, su trayectoria y todo lo que había hecho en el mundo del ciclismo de montaña, también incluyó información acerca de su experiencia como autor de artículos para importantes medios de comunicación a nivel mundial que lo acreditaban como experto en el tema, así como su afiliación con las organizaciones más importantes del rubro.

La especifidad en un landing page juega un papel importante, no lo olvides. La primer característica es que debe estar enfocada en el objetivo que se quiere lograr.

En el caso de Esteban, quería vender un producto digital, por lo que es necesario excluir cualquier distracción y evitar aglomerar el sitio con información acerca de cosas ajenas al producto que se quiere vender.

La segunda característica es que describas en detalle lo que el usuario va recibir una vez que compre el producto y por cuáles medios vas a hacerles llegar el mismo.

Ser detallado ayuda a quienes aterrizan en el landing page a no comprar un producto que no quieren, en el producto de Esteban, en la reseña del producto estaba descrito exactamente a qué tipo de persona iba dirigida esta guía y cuál era su utilidad, hablándole sin rodeos a los usuarios que visitaban el sitio.

Esteban incluyó en su landing page varias opciones de compra, a medida que las personas navegaban por la página se encontraban con los diferentes formularios donde podían iniciar la compra del producto.

Se enfocó en incluir la mayor cantidad posible de botones tipo "Click para Comprar" sin sacrificar el equilibrio de elementos y que la página se viera saturada. Cuando se incluye únicamente uno de estos botones, se limita la posibilidad de continuar el proceso de compra a tu visita.

Pero si incluyes botones en múltiples ubicaciones dentro de tu landing page, será sencillo continuar al siguiente paso que es el formulario de pago para que ingresen la información de su tarjeta de crédito o cualquier otro método de pago que ellos prefieran y que hayas activado en tu sitio.

Sin estas opciones sería imposible captar a un público y mucho menos un comprador, por lo que debes incluir en tu página de aterrizaje estas opciones que le dan frescura y un ambiente ameno a la compra.

Retomando el caso de nuestro capítulo, cuando Esteban fue comprando tráfico en Google se dio cuenta de que la gente si estaba comprando su guía y que cada día más y más personas se interesaban por su producto, por lo que incluyó video testimoniales de personas que habían comprado su guía y que la habían utilizado en sus viajes de ciclismo de montaña, esto le brindó cada vez más credibilidad a su landing page y más personas se interesaron por obtener la guía.

Recuerda, las personas le dan más valor a lo que comparten sus semejantes acerca de un producto, que a lo que dicen los creadores, por eso Esteban fue incluyendo esos testimonios que le dieron más fuerza a lo que hacía.

Además, la mayoría de los usuarios comentaban que era una guía que no se podía encontrar en cualquier sitio fácilmente y que estaban muy agradecidos que una persona con experiencia les haya compartido y consolidado toda esta información.

Cada vez que se generaba una venta, el usuario debía llenar un formulario con su nombre completo, número de teléfono y correo electrónico, estos datos se convirtieron en oro puro para el crecimiento como diginauta de Esteban.

Las plataformas para comprar tráfico como Google, Facebook e Instagram definen sus propias políticas acerca de los usuarios a los que muestran tus anuncios.

Estas plataformas debido a sus políticas de privacidad, evitan proporcionar información básica de contacto acerca de sus usuarios, pero las listas que generan tus ventas y adquisición de leads van a ser netamente tuyas.

Las listas segmentadas de emails tienen un inmenso potencial y lo interesante es que día tras día puedes utilizarlas para compartir contenido que enriquezca el valor que le ofreces a tus suscriptores.

En el artículo "1000 True Fans", Kevin Kelly menciona cómo puedes construir una lista de seguidores sumamente interesados en tus productos y contenido para aprovecharla y facilitarles soluciones basadas en sus necesidades.

Según Kelly, una vez que tienes 1000 fanáticos leales ya no tendrás que preocuparte mucho por tratar de conseguir más, porque si el contenido es valioso siempre habrá un mayor crecimiento exponencial directamente relacionado a la calidad de lo que ofreces.

De acuerdo a esta teoría, podrías venderles hasta $100 dólares en diferentes productos, servicios y membresías al año y así tendrás asegurados $100,000 dólares en ingresos provenientes de ellos.

Por lo que es necesario que no olvides que tus seguidores solo se quedarán contigo si les ofreces valor y no me refiero exclusivamente a valor económico, sino a contenido y recursos que puedan ser aprovechado por ellos.

Lo que tus seguidores prefieren es valor, algo que realmente le genere algo memorable y útil a sus vidas. Evita compartirles muy seguido ofertas y promociones de productos o servicios.

Ten esto muy presente, debes aprender a visualizar lo que tu comunidad realmente quiere, es decir, hay ciertas piezas que son las preferidas de la audiencia y en ellas te debes basar para seguir realizando contenido.

De nada vale generar contenido si a tu audiencia no le gusta o no le interesa, recuerda que el mejor juez para tu contenido es tu audiencia, ellos son los que van a decidir si el contenido tiene valor o no.

Puedes usar publicaciones digitales como blogs, revistas o foros para conocer la reacción de los usuarios ante un tema determinado y es allí donde vamos a regresar al ejercicio de las revistas el cual tomaron como ejemplo nuestros personajes en capítulos anteriores para encontrar su nicho de mercado.

Debes saber que cuando tu marca comienza a generar suficientes visitas en el sitio web mediante el consumo del contenido que creaste, es allí cuando puedes comenzar a monetizarlo.

Es una tarea sencilla, pero el crecimiento orgánico requiere tiempo, cuando lo complementas con publicidad pagada (tráfico) podrás empezar a vender y crecer de manera más rápida.

ALTURA SIETE

PAOLA RAMÍREZ

Hay una creencia de que los grandes emprendedores son hombres, que solamente este género es el que lidera los mercados de las ventas.

Afortunadamente no es una regla, existen muchas mujeres con ideas verdaderamente brillantes, que están revolucionando el mercado en cuanto a vanguardia, diseño, estrategias y sobre todo, ideas que generan un cambio en la sociedad.

Por eso te decimos, no hay edad para emprender, no importa si eres hombre o mujer, si tienes un gran capital o no, lo importante en todo esto es poner a trabajar tus ideas de la mejor manera, ir poco a poco escalando esos peldaños donde tú mismo le irás dando forma a medida que aterrices esa idea que tienes.

Esto fue lo que vio Paola Ramírez en su emprendimiento, una verdadera joya, que fue puliendo con el paso de los años y que la convirtió en algo que muchos sueñan pero que pocos se atreven a hacer.

Altura Siete, nace con una visión completamente renovada, no son simples pares de zapatos, sino que, se vuelven una obra de arte por sus diseños, colores y sobre todo las texturas que se entremezclan para piezas increíbles.

Su creadora los define como talismanes que toda mujer debe tener en su guardarropa, no importa la edad que tenga, ni el estilo que esté acostumbrada a utilizar, lo importante es que vea que con los zapatos de Altura Siete tiene el mundo a sus pies.

Paola dice que cada calzado es único y cuenta una historia, una narración que cada cliente lleva consigo, un valor agregado que se ha ido imprimiendo a la marca poco a poco y algo que las personas buscan al momento de adquirir un producto o un servicio, es ese plus que se le puede brindar.

Imagina que ella hubiese creado zapatos donde el único motivo para usarlos es querer comprar más o tener unos nuevos, bastante aburrido ¿No lo crees?.

Por eso al crear piezas únicas con diseños innovadores y de alta gama les da a sus clientes algo diferente, les ofrece productos de calidad, con un agregado que son sus colores y diseños inigualables.

Justamente esto es lo que queremos que hagas, que ofrezcas un producto o servicio que tenga un valor único, es algo filosófico, pero al final de la historia, es lo que tendrá valor tanto para ellos. como para ti.

Es el caso de una de sus colecciones, la cual se llamó Amuletos y Talismanes, Paola fue más allá y se arriesgó poniéndole a cada pieza nombres como cuarzos o tréboles, cosas que siempre se han relacionado con la buena suerte y la dicha, quizás muchos pensaban que iba a estar cambiando los colores o la forma de los zapatos pero ese no era el plan.

Fue así, como esta colección se convirtió en una de las preferidas y premiadas en toda la República Mexicana, dándole un giro a su marca.

Sus clientes aplaudieron la iniciativa, a esto le sumamos la selectividad en la elaboración de cada pieza, que tiene ese toque personal que solo ella puede darle y que sus clientes ya conocen.

La marca cuenta con puntos de venta en todo México, cada uno se encarga de registrar cuantas piezas vende mensualmente y de allí parte su elaboración.

Además de los clientes que actúan como catapulta para la exportación de su marca, ella se dio cuenta que ésta era la clave de su negocio: la selectividad, porque es parte de su nicho de mercado.

Para los emprendimientos es sumamente importante pensar en todo, por supuesto es el caso de Altura Siete, que hasta su nombre estuvo muy bien pensado, como explica Paola, quien dice que el nombre viene relacionado a la grandeza y lo perfecto, en la numerología, el siete es un número cabalístico, se relaciona a la buena suerte.

Para complementar, a todas las piezas que realizan le imprimen un toque de color morado, que está presente en su logotipo, esto le da un aire de coherencia y se queda en la mente de sus consumidores.

Recuerda pensar en todo al momento de emprender, en cada uno de los elementos que hará de tu empresa algo verdaderamente único.

Altura Siete se especializa por darle a sus clientes lo mejor en cada pieza, apostando por el arraigo nacional, los materiales son netamente mexicanos, logrando que sus clientes se sientan identificados con la calidad del trabajo que se hace en toda la región mexicana.

Paola define su emprendimiento como un negocio de bajo volumen, ellos realizan piezas exclusivas.

Para ella es más importante la calidad, más que la cantidad de lo que se hace, por ello cada pieza realizada es cuidadosamente hecha a mano y de forma artesanal, esto se ve reflejado en cada diseño.

También explica que quiere expandir el negocio, pero guardando la misma calidad artesanal, que es la que los diferencia del resto, porque son piezas de gama alta, realizadas completamente a mano.

Como en la mayoría de los emprendimientos, Paola, se encontró con algunos obstáculos, las personas que le decían que no iba a tener éxito, que era una locura realizar zapatos porque era un mercado muy competitivo, otras mencionaban la falta de experiencia en el rubro, sin embargo, ella siguió adelante con su sueño de tener una de las marcas de calzado más reconocida del país.

Sabía que su producto tenía un buen nicho de mercado, si bien no es un producto económico, la realidad es que las personas pagan por la calidad de mano de obra, ella comenta que no vende zapatos, sino arte portable.

Se enfoca en darle un valor agregado a su marca, quienes usan este calzado sienten que realmente forman parte de la vida de Paola y al mismo tiempo están llevando una pieza de alta calidad.

Quizás pienses que Altura Siete está conformada por miles de personas, cuando es todo lo contrario, cuenta con aproximadamente 20 trabajadores, todos ellos se encargan de personalizar cada pieza para que tenga ese toque único, lo que sin duda alguna hace especial a la marca.

Como sabrás, no todo se logra de la noche a la mañana, Paola fue tocando puertas poco a poco, mostrando sus productos a sus amigos y familiares, ellos fueron los encargados de usar sus zapatos por primera vez, estos clientes fidelizados fueron llevando la marca de boca a boca a otros conocidos y fue así como logró posicionarse como hasta ahora lo hace

El miedo estaba siempre latente, pero Paola no dejó que la intimidara y siguió adelante hasta lograr lo que se había propuesto.

Recuerda, no todo en los emprendimientos es sencillo, es una especie de montaña rusa en la que en algún momento te llevará a la cima, solo debes ser constante en lo que haces y tendrás el éxito de tu lado.

Paola le aconseja a todo aquel que quiera emprender, que visualice su producto o servicio dentro de un nicho de mercado, encontrar ese factor diferenciador que pueda hacerte resaltar ante los demás,

También explica ella que hay algo muy importante: saber si el propio emprendedor apostaría por ese producto o servicio por encima del de la competencia.

Si vale la pena pagar por ello a partir de ahí se puede crear lo que realmente sea necesario, es claro que los ajustes siempre se harán, pero cuando existe este tipo de estudio previo, todo será más sencillo.

Esta emprendedora también comenta que la competencia no le atemoriza, es decir, pueden vender productos más económicos o costosos que los tuyos, la clave es enfocarte en tu mercado potencial.

Paola sabía que el de ella, eran personas que pagaran muy bien la mano de obra y supieran el porqué del costo de sus productos, no personas que quisieran zapatos baratos.

Entonces se enfocó en este tipo de mercado, dirigiendo todos los esfuerzos y estrategias de negocio hacia ellos, no iba a perder el tiempo en un mercado que nunca iba a adquirir sus zapatos.

Ella conocía muy bien la necesidad, sabía que habían personas que pagarían lo suficiente por lo que ella ofrecía: calidad y exclusividad, eso no ocurre con un calzado de menor costo,

Así funciona el estudio de mercado, puedes ver más allá, detectas un público meta y te apropias, esta será tu tarea de ahora en adelante, tal y como lo hizo ella.

Paola cuenta que una de las situaciones más dolorosas en su vida como emprendedora fue el fracasar, no tenía experiencia en tratar con grandes fabricantes y ahorró toda su vida porque su sueño era tener su propio negocio.

Al encontrar el nicho perfecto, creyó que ya todo estaba hecho, pero no era así, quedaba mucho por recorrer.

Encontró baches en el camino, personas que robaron sus ideas, gastó mucho dinero haciendo pruebas que no eran de la calidad que ella necesitaba y hasta le robaron el dinero en una ocasión.

Fue allí cuando tuvo que tomar una decisión drástica, ponía los últimos ahorros que tenía en su emprendimiento o se devolvía a su ciudad natal.

Sólo tenía $15.000 pesos mexicanos, lo que le iba a alcanzar para poder cubrir los gastos para dos empleados y fue así como puso a andar su empresa.

Ella misma cortaba las plantillas, forraba los tacones, diseñaba y producía, todo exclusivamente hecho a mano, fue el reto, que esas personas que le dijeron que no podía hacer, la acercaron a lo que ella tanto había soñado, formar su propia empresa.

Cuando se dio cuenta que ella podía hacer las cosas con sus propias manos no hubo límites, el miedo desapareció y comenzó a ver todo con más claridad y sin ningún tipo de barreras.

Tú debes hacer eso también, nada es imposible y si lo sueñas, puedes lograrlo, solo necesitas muchas ganas y una fuerza de voluntad increíble.

Paola dice que no hay mayor motivación para ella que sentir pasión y amor a diario por lo que hace, eso es algo que los grandes emprendedores nunca deben perder.

Ella piensa todos los días en lo que la llevó hasta donde está hoy en día, cada segundo se recuerda de dónde viene y cuál es su meta, esa meta fija e inamovible que se trazó hace un tiempo y que no pierde de vista.

Cuando atraviesa algún momento duro o difícil, lo ve como un aprendizaje que la llevará mucho más cerca de su objetivo, ser positiva está siempre presente en la vida de Paola, debe estar siempre presente en tu vida como ser humano y sobre todo, como emprendedor.

Esta gran emprendedora comparte un consejo para emprender: trazarse una meta, tener un objetivo fijo y sobre todas las cosas, visualizarse a futuro como una persona importante, sin despegar los pies de la tierra.

Si las personas te dicen que no puedes lograr algo, déjalas atrás y continúa tu camino de éxito, porque es lo que te hará una mejor persona el día de mañana,

Paola es un ejemplo de lucha y superación constante, una mujer que no le teme a los retos y que ve a las adversidades como una zona de aprendizaje, que se toma el tiempo para pensar las cosas, sin perder ese objetivo que se fijó hace muchísimo tiempo.

CAPITULO XIV

DELEGA LAS TAREAS COMPLICADAS (PERO NECESARIAS) A UN ASISTENTE VIRTUAL E INVIERTE TU TIEMPO EN LO MÁS IMPORTANTE

*¿PREFIERES DELEGAR O EJECUTAR?
¿PLANIFICAR LO IMPORTANTE O INVERTIR
HORAS EN LO INSIGNIFICANTE?*

> **❝** *Si quieres hacer algunas cosas pequeñas bien, hazlas tú mismo. Si quieres hacer grandes cosas y tener un gran impacto, aprende a delegar."*

> *- John C. Maxwell, Autor estadounidense*

Millones de empresas y diginautas alrededor del mundo delegan varias tareas por medio del outsourcing, hay diversas razones, quizá de las más relevantes es que les parecen engorrosas, no tienen suficiente conocimiento o porque necesitan estar centrados en cuestiones más cruciales para sus organizaciones; para poder delegar, en ocasiones se conectan con personas al otro lado del mundo por medio de alguna aplicación o sitio web, con el fin de buscar un beneficio mutuo y llegar a un fin común juntos.

Sin embargo, ¿qué significa realmente delegar? Aún más importante, ¿cómo puedes usar el outsourcing como una herramienta para delegar tareas de tu emprendimiento en internet?

Outsourcing se refiere a contratar a una agencia, firma especializada o simplemente a un profesional especializado para que realice actividades a un menor costo que un empleado de la empresa, por lo general casi siempre trabajan de manera remota, es allí donde destacan los grandes beneficios y en algunos casos, las desventajas de contratarlos.

Esto se debe a que en ocasiones algunos están acostumbrados a que un jefe les diga que hacer las 8 horas laborales y de acuerdo a lo que hemos platicado el objetivo principal de subcontratar especialistas y delegar ciertas tareas es poder enfocarse en las actividades que traen el mayor beneficio a tu vida o emprendimiento.

En muchas ocasiones estar dando instrucciones tan recurrentes cuando el objetivo es delegar, resultan en pérdida de energía y tiempo, recursos que sin duda deben ser invertidos en áreas más importantes.

Dentro de la bolsa de trabajo que existe en internet para delegar tus tareas, existen los freelancers, son individuos que no son empleados de ninguna agencia o compañía, trabajan por su cuenta de forma libre. Como en cualquier industria, existen buenas y malas opciones.

Un freelancer es una persona que prefiere trabajar contigo solamente en algunos proyectos.

Su metodología de trabajo es mediante metas y tareas que se realizan en tiempos determinados, estas son delimitadas tanto por el empleado como por el empleador de acuerdo al pago y a las capacidades de cada uno.

Y ahora analicemos, ¿qué tipo de tareas se pueden delegar por medio de outsourcing virtual?

Estos son los 7 roles primarios que puedes asignar a tus asistentes virtuales por precios de unos $3 dólares la hora (dependiendo de la experiencia y del país de donde contrates):

- Asistencia virtual general

- Community Management de redes sociales

- Desarrollo Web

- Marketing Digital y SEO

- Redacción de Contenido

- Editor de Audio y Video

Trabajos misceláneos (todo desde investigación de información web para planear un proyecto, hasta enviar postales y cartas de agradecimiento a todos tus clientes).

Actualmente casi todas las tareas que te puedas imaginar se pueden delegar mediante esta modalidad, debes evaluar los pro y contra de ello, además considerar si es mejor contratar o realizarlos tú mismo.

En la mayoría de los casos es mejor delegar, pero debemos analizar una serie de elementos que no podemos pasar por alto para que todo sea exitoso a la hora de llevarlo a cabo.

- Los costos: ¿Quién no quiere reducir sus costos? Si bien, siempre es bueno conocer el día a día de un empleado a nuestro lado, el contratar a alguien que lo realice a menor costo y con la misma (o mejor) calidad que alguien que nos pueda costar más, es un valor que no podemos pasar por alto.

- Los antecedentes, referencias y experiencia de la firma o persona que se va a contratar: Debes conocer a fondo cuál es el nivel que tienen de experiencia y conocimiento de tu ramo, esto te dará una idea clara de cómo será su desempeño a la hora de realizar las tareas que les asignes.

- Conocer, en lo posible, el concepto de otra empresa que haya realizado outsourcing en el área que pensamos contratar: Descubrir cómo implementaron su proceso es importante, porque al conocer la referencia de otras empresas similares a la nuestra, minimizamos posibles errores en base a los resultados directos e indirectos que hayan obtenido ellos.

- Establecer la importancia del área o la función que queremos contratar: Si la tarea se considera de vital importancia para nuestra empresa, a tal grado que la decisión requiera ser tomada por nosotros mismos, no debemos delegarla a un asistente virtual a miles de kilómetros de distancia, se debe identificar y enlistar cada tipo de tarea que se pueda llevar a cabo bajo esta modalidad.

- En la mayoría de los casos se designan tareas que son relevantes para la empresa, pero no de vitalidad para su funcionamiento, el objetivo es llevar un mejor control de lo que se hace dentro de la misma. Por ejemplo, por ningún motivo veremos a Microsoft o Apple delegar a una agencia o freelancer el desarrollo de su software o la programación de sus equipos, sin embargo, probablemente si delegan la división completa de servicio al cliente por teléfono. Apple se especializa en software y hardware, mientras que la organización que contratan se especializa en servicio al cliente.

Delegar por medio de internet es algo maravilloso, pero no se debe tomar a la ligera, se deben considerar cinco factores extremadamente importantes para que nuestra inversión y capital no se vea afectado bajo ningún concepto:

- No hay nada más importante que comunicar los detalles de la tarea que se realizará de una manera clara y efectiva. Se pueden dar instrucciones a través de briefs, mensajes de voz, videollamadas, mensajes de texto, hojas de procesos y manuales de procedimientos. Queda en ti la responsabilidad de comunicar de manera amplia el resultado esperado de la tarea. Los malentendidos resultan más caros en esta modalidad, debido a que un freelancer o asistente virtual puede pasar una gran cantidad de horas haciendo algo completamente equivocado gracias a que nunca se le comunicó exactamente cómo hacer las cosas.

- Para mantener un control en el proceso, es indispensable fijar plazos de entrega para las tareas que se llevarán a cabo en outsourcing. Se puede organizar mediante un calendario donde se subrayen las fechas a cumplir y en otros casos, puedes colocar la fecha a cada tarea en el brief que se entrega. Para que estemos en el mismo canal, un brief es un documento de un resumen corto que describe la tarea, su función es servir como referencia a la hora de trabajar con una persona que te apoyará de manera remota o presencial, reforzando el objetivo y la manera en que requieras que se complete la tarea. Cualquiera que sea la modalidad que se escoja, fijar fechas es muy importante, así evitarás los retrasos y podrás medir el desempeño en cuanto a cuestiones de calidad y tiempo de las entregas.

- Como lo mencioné previamente, seleccionar cuales cosas se pueden llevar a cabo por medio de outsourcing es una responsabilidad que recae en su totalidad sobre ti. Si bien es cierto, muchas tareas se pueden realizar por este método, no todo puede delegarse a manos de recursos externos y no es por un factor de desconfianza, recuerda que no todos cuentan con tu conocimiento y mucho menos con tu visión. No obstante, debemos tener presente las tareas que deben ser realizadas por terceros para disminuir el factor tiempo que nos demandan o por el nivel de impacto que tienen en la organización. Hay otras tareas que debemos realizar nosotros, por ejemplo, reuniones con agentes, visitar clientes, escoger locaciones o muchas veces llevar la contabilidad que es un tema privado.

- Debe existir una supervisión constante de lo que el freelancer o la agencia están realizando cuando se le delegan ciertas responsabilidades. Sin supervisión, no podrás analizar correctamente si la decisión de contratar personas que trabajen de manera remota es algo bueno. Te recomiendo asignar pequeñas tareas que te permitan visualizar las aptitudes personales y el nivel de responsabilidad que puede soportar cada persona. Una buena manera de probar la capacidad para cumplir con los plazos establecidos, es dándoles una prueba de trabajo a cada miembro del equipo. Por ejemplo, si en nuestra empresa necesitamos un nuevo proveedor de internet o de telefonía móvil, podemos asignarle a un asistente virtual que elija las opciones que se adecuen a nosotros, dándole una serie de lineamientos basados en un presupuesto, especificaciones de velocidad requerida y la información que se necesitará para llenar las solicitudes. Lo importante es dejar en claro que es lo que se necesita, (para que exista un contexto) y definir el tiempo para que esté finalizada la tarea. Con esta simple actividad podremos medir qué es realmente capaz de realizar esta persona, midiendo su desempeño de acuerdo a la presentación de los resultados y al tiempo en que nos entregue un producto final, lo importante es no dejar una gran carga que nos cueste mucho dinero si con una actividad más sencilla podemos tomar una decisión acertada al momento de ver los resultados.

- Si bien es cierto que cuando trabajas con personas en otra parte del mundo te puedes comunicar con ellos por medio de tu celular o correo electrónico, no caigas en la trampa de pensar que son robots. Ellos o ellas trabajan de manera remota con equipos como el tuyo buscando una mejor posición económica, sin olvidar lo efectivo y eficaces que son en lo que hacen, así que nosotros al emplearlos, no debemos olvidar que son personas. Necesitan pagar cuentas, la universidad, hacer sus vidas, comen, respiran y duermen de igual manera a como lo hacemos todos, es importante crear vínculos laborales fuertes, que se vayan afianzando con el tiempo para poder hacer de todo una mejor labor.

Ahora bien, teniendo en cuenta los planteamientos sobre cómo realizar un buen outsourcing, analizaremos algunas ventajas y desventajas de delegar por medio de internet.

Ventajas

- La mano de obra es más económica, se evitan los impuestos al no tener un trabajador de planta, no tendrás que presentar una liquidación o alguna prestación si finaliza el proyecto antes de tiempo, sólo se cancelará y pagará por el trabajo realizado y lo acordado al momento de integrarlo a tu equipo de trabajo, te recomendamos que esta parte quede muy clara a la hora de subcontratar.

- Permite al diginauta responder con rapidez a cualquier tipo de cambio en sus necesidades. En muchas ocasiones, se requerirá efectuar cambios instantáneos al momento de estar expandiendo tu emprendimiento como diginauta. Al medir los resultados en cuanto al desempeño de cada uno de los empleados remotos, podrás darte cuenta de las áreas que podrían mejorar potencialmente y donde se encuentra un cuello de botella al momento de tomar las decisiones. Externamente el público objetivo siempre cambiará y tendremos que cambiar con ellos, internamente siempre habrá una nueva situación que resolver, aumentar y reducir el número de miembros del equipo de manera consciente, será crucial. Al tener acceso a una bolsa de trabajo infinita por internet, podrás hacer los ajustes de una manera más fluida, sin tener que depender en semanas de promover una vacante y entrevistar prospectos.

- Tener acceso al recurso humano especializado por internet y contar con ellos de una manera tan fácil como hacer "click", te permite estar a la par de empresas innovadoras que han redefinido su estructura en comparación a la estructura convencional. Esta modalidad hace que la manera de llevar a cabo proyectos y negocios se reinvente, siempre mirando hacia un mejor porvenir, teniendo presente las cosas que están en boga y manteniéndonos a la vanguardia de nuestro entorno.

- Incrementa el compromiso hacia un tipo específico de tecnología que permite mejorar el tiempo de entrega y la calidad de la información para las decisiones críticas.

Desventajas

- Pierdes contacto físico debido a las nuevas tecnologías que ofrecen oportunidades para innovar los productos y procesos. Si no se lleva a cabo un proceso de reuniones constantes con colaboradores remotos para supervisar lo que se está realizando, te arriesgas a quedarte fuera de la jugada en cuanto a las tecnologías que ellos utilizan y cómo pueden impactar a nuestros productos y servicios.

- Al permitirle a tus colaboradores remotos tener todo el conocimiento de tus servicios o productos, ellos pueden utilizar esta información para comenzar su propio proyecto basándose en tus experiencias y vivencias, pero no te preocupes, este riesgo también se corre con empleados convencionales.

- En ocasiones tus expectativas en cuanto a lo ahorrado puede que no sean satisfechas. Siempre corres el riesgo de no tener el ahorro que habías soñado con un freelancer. Quizá piensas que te vas a ahorrar millones en empleados remotos, pero no siempre es así. Maneja una suma considerada al inicio para que no sea un impacto grave cuando revises tus finanzas.

- Puede haber una pérdida de control al no tener acceso físico a los colaboradores remotos. Es necesario implementar una buena auditoría de lo que se realiza de manera remota, para evitar perder el control de lo que se hace y con ello el capital invertido, para lograrlo, se deben realizar mediciones y análisis constantes para que esto no nos afecte en ningún sentido.

Son millones las personas a nivel mundial que trabajan en esta modalidad, sobre todo en los países de Latinoamérica donde la economía no es tan estable como en Europa o Estados Unidos, por consiguiente para estos empleadores la mano de obra es mucho más barata y para los empleados es un beneficio extra, debido a que los ingresos en la mayoría de los casos, son en moneda extranjera, lo que les permite ganar más del sueldo mínimo en sus naciones, a esto se le suma la comodidad de trabajar desde cualquier sitio donde tengan acceso a internet.

Venezuela, Colombia, República Dominicana y Puerto Rico son unos de los países donde esta modalidad de trabajo está tomando gran auge y por supuesto toman esto con seriedad y gran profesionalismo, debido a lo que consiguen con ello, sus economías se sitúan por debajo de muchos países a nivel mundial pero que con un valor agregado como hablar inglés o manejar alguna área en específica son empleados con facilidad.

En el mayor de los casos toman vacaciones sin importar donde se encuentren, pero sin desconectarse del mundo digital, lo que hace de sus trabajos algo soñado sin olvidar la responsabilidad que tienen para con sus empleadores.

Es así como el mundo se está transformando y tomando el outsourcing virtual muy en serio, para muchos una modalidad inexplorada, para otros algo que hacen desde hace mucho tiempo.

Sin lugar a dudas es algo que no podemos dejar de lado a la hora de emprender como diginautas, solo debemos tomar las consideraciones necesarias y monitorear muy bien todo lo que hacemos y lo que hacen los colaboradores desde sus países.

CAPITULO XV

PASO A PASO: CONSTRUYE PÁGINAS QUE CONVIERTAN EFICAZMENTE EL TRÁFICO A TU SITIO, EN VENTAS PARA TU NEGOCIO

*¿CÓMO TOMAR LA MEJOR DECISIÓN SI TE
PRESENTAN MÚLTIPLES OPCIONES?
LA REGLA DE ORO:
MENOS ES MÁS*

> *Cuando se presentan demasiadas opciones, las visitas normalmente solo hacen click en uno de los primeros enlaces disponibles, con la esperanza de que sea lo que necesitan. Si no, ¿adivina qué? Se van."*

- Stoney deGeyter, Diginauta

Muchas veces descuidamos el potencial que tienen nuestros productos o servicios por el simple hecho de no tener una buena landing page.

Debes recordar algo, esa página en donde llegan tus prospectos y futuros clientes, será la cara de tu producto, es la imagen que lo representará para que se posicione en el mercado.

Y como complemento, el diseño y una correcta experiencia del usuario para navegar sin problemas, son clave dentro de una buena landing page.

En este capítulo te enseñaré cómo diseñar tu landing page para que tenga la mínima tasa de rebote y que se queden más tiempo para que compren tu producto o servicio.

Los usuarios deben sentirse identificados con las secciones y el contenido de la página que visiten, por lo que ser lo más descriptivos posibles, es otra de las claves.

Veamos un ejemplo claro de lo que debe ser tu landing page.

Podrías utilizar un guante de béisbol para sacar una bandeja caliente del horno, si bien va a cumplir la función de no quemarte por lo caliente, esto no lo convierte en un guante específico para esto, su función principal no es esa y es lo que me gustaría que comprendas en cuanto al propósito de una landing page.

Una página de aterrizaje (landing page) no necesariamente debe ser la página donde tu producto se exhiba en todo momento, puede estar en línea para medir el tráfico que envías de manera pagada a través de los buscadores o en redes sociales como Facebook e Instagram.

Esta página debe tener solamente un objetivo. Es donde llegan tus prospectos para ver tu producto o para recibir algo valioso de manera gratuita, pero llegarán a través del tráfico que tu compraste, en la mayoría de las veces no será por suerte, por eso es tan importante la segmentación correcta de ese público y el sitio a donde llegan.

Debes saber a quienes te quieres dirigir para que reduzcas a casi cero el número de personas que no están completamente interesadas en tus productos.

Ahora te preguntarás ¿Mis clientes pueden aterrizar en cualquier parte de mi sitio web? ¿No es mejor que aterricen en mi home page para que desde ahí empiece su proceso de conocer todo lo que ofrezco? Y la respuesta es; No.

Por eso la página de aterrizaje es tan importante, va a estar optimizada para que tus clientes consigan lo que necesitan de manera fácil y ordenada.

La realidad es que no todas las páginas de tu sitio web están optimizadas para que al momento de recibir el tráfico pagado, cumplan la función que verdaderamente requieres, como comprar o ingresar tu correo electrónico.

Es por la falta del conocimiento y mal uso de landing pages, que se ven con frecuencia tasas de rebote altas, porque piensan que al colocar el tráfico en cualquier parte de su sitio van a obtener lo que realmente quieren y no es así.

Si es complicado encontrar una opción de compra en los primeros segundos de visitar tu página, los usuarios prefieren retirarse y así se pierde una venta, es por ello que tu landing page debe estar optimizada para recibir usuarios, prevenir que se retiren y dirigirlos a que hagan la acción que verdaderamente quieres.

Lo que sucede a menudo es que cuando ingresa una visita a un sitio web de manera orgánica (gratuita) o en algunos casos de manera pagada (desperdiciando presupuesto publicitario), comienzan a caer en páginas donde existen muchas opciones para escoger.

Sé que no parece fácil llegar a esta conclusión porque va tan en contra de lo que el sentido común y la lógica tienden a sugerir, creando confusión sobre el tema. Así que vamos a desarrollarlo, cuando decimos que un sitio posee muchas opciones, es una referencia a que en el sitio el usuario puede realizar varias acciones y no la que tú buscas realmente como vendedor.

Los sitios web de manera errónea tienden a convertirse en panfletos o trípticos informativos que si no son diseñados y canalizados a opciones de venta o adquisición de correos electrónicos tienden a convertirse en una propiedad web desperdiciada.

Un sitio web completo, posee un sinfín de opciones hacia donde el usuario puede navegar, hay menús de redes sociales, historias, casos de éxito, galería y un montón de opciones donde los usuarios pueden perderse, cansarse de la navegación y abandonarlo en el momento que lo consideren oportuno.

La salida voluntaria a los segundos de haber ingresado en una landing page, no es realmente el objetivo que se busca alcanzar.

Sin duda, la razón más importante por la cual es mejor dirigir tráfico a una landing page que contiene un solo objetivo, es que puedes medir de manera inmediata el porcentaje de conversión en relación al número de visitas que recibes.

Es importante la medición porque debes saber hacia dónde se dirigen y de donde provienen estas visitas pagadas, además deben ser cuidadosamente dirigidas hacia una página en específico y tener un propósito al visitar tu sitio web, ya sea comprar, registrarse, descargar tu newsletter, un archivo PDF con información de tus productos, solicitar información sobre un curso o cualquier otro objetivo que hayas estipulado, la lista es muy extensa, pero debe ser algo que estés estudiando y midiendo continuamente porque si no tu inversión se verá altamente afectada, la consecuencia será perder dinero valioso.

Para eso es que se define un presupuesto de tráfico a las plataformas, para que se cumpla el objetivo de que tus visitas se dirijan a la opción que requieres y la cumplan, no debe haber otro, no debes darle múltiples opciones. Al tener muy claro qué es lo que realmente necesitas, evita que transmitas esas confusiones hacia tus posibles clientes dentro de tu landing page.

Al definir qué harán los usuarios al momento que te visiten, vas a estar exprimiendo todo el potencial que puedes obtener de tu tráfico, no vas a desperdiciar lo que te cuesta dinero y esfuerzo.

Recuerda que mi objetivo es que tú ahorres al máximo para luego vivir experiencias de vida increíbles, no que te gastes todo tu capital probando algo que puede que te funcione o no.

La base de todo esto es saber manejar el presupuesto donde tu página de aterrizaje sea llamativa y altamente descriptiva, de esa manera los usuarios no se irán a otra parte de tu sitio, lo importante es evitar la pérdida de un posible cliente, porque el objetivo son ventas valiosas.

Debes conocer a fondo a tu visita, para saber qué acciones realizará al momento de aterrizar en tu sitio, el estudio de tu mercado meta es sumamente importante, sus hábitos de consumo son los que te darán las respuestas para esto.

Pero no te preocupes, tampoco estamos hablando de que te conviertas en detective, simplemente recuerda que debes saber que los usuarios quieren acceder fácilmente a las opciones de compra y al dirigir tu tráfico pagado hacia un determinado espacio dentro del sitio, lo vas a lograr.

Veamos este tema con un ejemplo claro. Si un diginauta crea una campaña de tráfico pagado por Facebook para enviar visitas a una página donde se muestra un catálogo completo de productos, digamos unos ocho productos de diferentes categorías y características, entonces existen ocho opciones diferentes a las cuales ellos podrían hacer click.

Todas estas son "puertas por donde ellos pueden pasar", a esto le puedes sumar las opciones de la cabecera del sitio, por ejemplo, inicio, productos, servicios, contacto, blog, entre otros ítems que pueda tener el sitio. De repente, el número de lugares a donde pueden dirigirse se incrementa y las probabilidades de poder controlar el tráfico para convertirlo en ventas, disminuye.

El resultado del caos anterior, sería que el tráfico no va a poder medirse de manera correcta porque el usuario va a tener demasiadas opciones para decidirse, es similar a tener frente a ti varias puertas y no saber cuál abrir porque todas te parecen importantes o interesantes.

En resumen, cuando se construye una campaña de tráfico pagado por redes sociales, debes identificar cuáles variables quieres medir y hacia dónde vas a dirigir ese tráfico, es decir, si vas a lanzar o vender un producto determinado debes enviar a las visitas a un landing page controlado donde se encuentra únicamente ese producto o servicio ¿Lo ves? Es como no dejarle opción y que solo vea esa parte donde se encuentra.

Es por ello que cuando creas una landing page exitosa, la única opción que deben tomar los visitantes, es por la cual se creó realmente la página de aterrizaje, no puede haber otra.

Ahora bien, debe existir una landing page por cada acción que quieres que las personas tomen, recuerda, no deben existir más opciones, no debe existir un icono que te lleve al inicio del sitio web, no hay un botón que te lleve a una página de contacto, toda la información debe estar en una misma página.

Es simplemente un lugar donde se va a realizar la acción para la cual se compró el tráfico, no otra.

Revisemos otro ejemplo para que lo tengas más claro.

Estás vendiendo un curso en línea de un tema determinado.

El tráfico que compras a través de una campaña va a dirigirse a una página de aterrizaje que contiene una breve descripción del curso, testimoniales de personas que ya lo han adquirido y que por supuesto existe una lista de beneficios para aquellos que compren el curso.

También puedes incluir una breve trayectoria de las personas que lo imparten, sus competencias y su profesión, esto brinda bastante credibilidad y reputación. Pero lo más importante es que debes incluir en ella una sola acción para continuar, la acción de comprar que es realmente el fin de toda la landing page.

A lo largo del landing page se incluirán muchas invitaciones para comenzar el proceso de compra, esto debe verse reflejado siempre en el diseño de la página, una entre cada sección pero siempre enfocadas a una sola acción, la de comprar. No habrá otras opciones para otras acciones, como irte a otra parte del sitio web, ver otras páginas o contactar al equipo de ventas.

La única opción que debe existir ahí es la de comprar, enfócate únicamente en eso. Digamos que de cien personas que caen en tu landing page mediste que hubo 18 ventas, vas a saber que tienes un 18% de conversión en tu landing page. Así sabrás de manera certera el desempeño exacto que tuvo el tráfico que obtuviste después de comprarlo.

Si sabes que te costaron $200 dólares esas 100 visitas y vendiste 18 cursos, puedes saber claramente que 200 dólares divididos entre 18 compradores equivalen a un costo de aproximadamente $11.11 dólares que gastas en tráfico por cada compra.

Si el curso cuesta $100 dólares habrás generado $1800 dólares con tan solo invertir $200 en 100 visitas.

Es sencillo, lo que hemos estado comentando desde el principio del capítulo, una landing te va a servir para dirigir el tráfico que compras a través de los buscadores o redes sociales, sobre todo que tus objetivos se consigan fácilmente y sobre todo, que sean medibles.

En Facebook puedes pagar por tráfico directo que se mide en clicks. Quizá tu meta no es esa, para ello la plataforma de Facebook Ads Manager te puede ayudar, porque también puedes comprar tráfico por conversiones.

Una conversión es la culminación positiva de la de lo que tu has definido como el objetivo de tu campaña. Cuando tu objetivo es aumentar tu base de datos de correos electrónicos, una conversión será obtenida cuando recibas un correo electrónico.

Si tu objetivo es que la gente descargue tu guía gratuita en versión PDF, la descarga por cada visita simboliza una conversión. Cuando tu objetivo es vender, al finalizar el proceso de compra, significa que hubo una conversión.

En Instagram, que como sabes forma parte de Facebook, puedes comprar tráfico por clicks y por impresiones. Una impresión se contabiliza cada vez que aparezca tu anuncio frente al público que elegiste.

Los afiliados también son una buena opción para enviar tráfico a tu landing page, porque ellos envían visitas cualificadas a tu sitio y para ello debes pagarles un porcentaje de la venta finalizada una vez que se realiza. Muchos de ellos tienen fuentes confiables y segmentadas de tráfico que tienen el potencial de servirte para aumentar tus ventas y tu posicionamiento por internet.

También existen las redes de publicidad que no son ni buscadores ni redes sociales, mostrarán tu anuncio en sitios especializados que son visitados con frecuencia por el mercado al que te diriges.

Estos sitios poseen lugares específicos donde se colocarán tus anuncios, ya sea en la cabecera o en los laterales de ciertas páginas.

Ahora que ya conocemos todo esto de las landing pages, vamos a revisar la lista de elementos necesarios que debes incluir dentro de tu página de aterrizaje para que sea una página ganadora, optimizada y con muy altas posibilidades de compra:

- Videos como elementos más importantes: Hay un 70% de probabilidades de que el tráfico que cae en tu landing se convierta cuando hay vídeos en ella, los videos se han transformado en la manera más efectiva y eficaz de comunicar un mensaje, es lo que los usuarios prefieren y lo que las industrias alrededor del mundo están haciendo, así que, mientras más vídeos tenga tu landing page mucho mejor (no sin antes olvidar la optimización de estos videos para que no afecten a la experiencia del usuario en tu sitio). Cuando pienses en crear un video para tu producto o servicio, no olvides lo que a ti te gustaría ver y saber de un producto o servicio. Seguramente quieras ver una excelente calidad de video, que el sonido sea muy claro y que no interfiera el sonido ambiental. También te sugiero que la iluminación sea adecuada. Si necesitas contratar a un freelancer que te realice un buen video, hazlo, teniendo en mente la experiencia de otros videos que haya producido anteriormente.

- Quitar todas las opciones que están de más y enfocarte en el objetivo que deseas: Un landing page no debe contar con múltiples opciones, inclusive no es necesario tener el logotipo en la esquina superior con la opción de regresar al home page. También es necesario excluir los links donde los usuarios puedan escoger, solo se deben incluir opciones como registros de email o botones de compra, los cuales les dan al usuario una opción cerrada para hacer dentro del landing lo que buscas que realicen.

- Conversiones bien establecidas: dentro de una landing page no pueden haber varios objetivos, por ejemplo no puedes tener el objetivo de que se registren, que descargue un PDF, que compren y que se hagan fan, esta debe tener un solo objetivo y estar bien claro, de esa manera se evita medir de manera errónea la efectividad de tu campaña dentro de la página.

- Certificados y validez del producto o servicio: La persona al vender un servicio o un producto debe agregar una validación al mismo, quizás algún registro en algún organismo o en el caso de un curso la inscripción en algún instituto que pueda validar esa educación a través de un certificado final, esto va a ayudar a que las personas confíen más en ese producto y además brinda un respaldo dentro del mercado.

- Testimonios de usuarios felices: Es increíblemente valioso que otros usuarios compartan los beneficios del producto o servicio, esa es la mejor publicidad. Los testimonios son el equivalente a cuando sales con tus amigos y notas que varias personas salen de un restaurante y comentan lo bien que se la pasaron. Obviamente vas a confiar más en el sitio en el cual las personas han salido comentando cosas positivas, esa es una buena comparación para que comprendas el valor de un testimonio y si puedes hacer que sea en formato de video, es mucho mejor.

- CTA's (call to actions) distribuidos a través de toda la página: No solo importa que los opt-ins estén al principio o al final de la página, es necesario que el usuario tenga varias opciones para poder dejar su información y varias opciones de compra. Lo ideal es que en cada sección donde se esté hablando de un tema en específico, se añada una opción para convertirlos, realmente lo que se requiere lograr es que las personas compren y entre más llamados a realizar la acción tengan, es mejor.

- Redacción legible y que sea similar al post de la campaña: Se debe utilizar el mismo tono y tema que se utilizó para redactar el anuncio donde los usuarios hicieron clic para llegar a la landing page. A su vez, debe usarse el mismo tono de redacción en toda la página, no debe haber discrepancia, de esa manera no se pierde la lógica de lo que estás comunicando.

- Diseño limpio y simétrico usando colores que contrasten claramente: Parece mentira pero un diseño pulcro y con colores suaves va a ayudar a que los usuarios se conviertan. Existen miles de libros que hablan de la psicología del color en el diseño gráfico, no está demás revisar algunos al diseñar una buena landing page. Los diseños limpios, tanto en anuncios como en las páginas de aterrizaje son algo realmente necesario y valioso.

Por último te quiero comentar algo que no puede faltar dentro de tu landing page y que quizá no sea un elemento como tal, pero es de suma relevancia. Debe existir un buen sistema de análisis que te permita acceder a las siguientes cifras:

- Número de visitas: Necesitas que todas las visitas que lleguen a tu landing estén contabilizadas y esto se puede lograr a través de Google Analytics (GA), integrando el software a la landing page. Con GA puedes contabilizar cuántas personas han visitado tu página, lo que es de gran ayuda para sacar el prorrateo de ventas. Instapage también cuenta con la opción de análisis de conteo, lo que es muy bueno para tener estas métricas siempre a la mano.

- Porcentaje de conversiones: Necesitas saber cuál es la cantidad de personas que realmente compraron tu producto en relación al número de visitas que obtuviste en un tiempo determinado. No es raro ver una tasa de conversión baja al principio, pero no te preocupes, poco a poco va a ir subiendo cuando la vayas optimizando. Un buen porcentaje es 20 o 30% pero no te afanes a la perfección en un inicio, porque poco a poco con tu práctica y experiencia lograrás un mejor desempeño.

Estas cifras son importantísimas para tu negocio como diginauta, porque te van a dar una visión clara de cuánto está costando cada visita que se ha convertido en cliente.

Si el costo por adquisición está por debajo del precio total de tu producto, entonces vas a tener un producto ganador y una campaña de tráfico exitosa.

Recuerda que mientras consigas tener ingresos mayores a lo que te está costando conseguir clientes, ya estás operando en un modelo ganador, has encontrado el camino correcto.

Todos los días vas a tener que estar revisando tus métricas, para saber qué está sucediendo con las visitas y qué porcentaje de ellas se convierten.

Allí vas a analizar cuáles elementos te funcionan y los que no lo hacen, van a ser optimizados, pero esos elementos los abordaremos luego. En este capítulo, el objetivo es que veas como se puede convertir la mayor cantidad de clientes en una landing page con elementos correctamente seleccionados y que no cuesten más de lo que deberían.

Porque cuando tengas tu negocio en línea, vas a querer generar el mayor porcentaje de conversión para estar obteniendo el mejor rendimiento de tu presupuesto. Quiero que cada vez que compres tráfico le saques el mayor jugo para que no desperdicies dinero y cometas los errores que yo he cometido.

Considera este capítulo como una enseñanza que te puedo compartir, pero que me costó cientos de miles de dólares erróneamente gastados a lo largo de mi carrera como diginauta. Por nada, amigo o amiga diginauta :).

CAPITULO XVI

DESARROLLA NUEVOS PRODUCTOS PARA TUS CLIENTES, COLABORA CON INFLUENCERS Y FORMA REDES DE AFILIADOS

¿CUÁNTAS VECES HAS ADQUIRIDO UN PRODUCTO SOLAMENTE POR LA RECOMENDACIÓN DE UNA "PERSONA FAMOSA"?

> ## "
> *Da o que su objetivo es crear clientes, una empresa comercial tiene os funciones básicas: la merca otecnia y la innovación. La merca otecnia y la innovación pro ucen beneficios, lo emás son costos."*
>
> ### - Peter Drucker, Filósofo

Desde el principio de este libro has aprendido que es necesario que encuentres un nicho de mercado para ofrecer tu producto o servicio, un nicho verdaderamente conocido por ti. Y ¿cómo lo puedes hacer? Es bastante sencillo.

Mediante la revisión y análisis de los nichos de mercado (las revistas y sitios web que podrían considerarse tus competencias) a los que perteneces, de esa manera podrás cubrir una necesidad que hasta la fecha sigue insatisfecha.

Dentro del segmento de mercado al que perteneces, vas a encontrar necesidades que están pidiendo a gritos ser atendidas y por fortuna para ti, aún no hay un producto o servicio con la capacidad de eliminarla o disminuirla.

Recuerda algo, descubre el producto o servicio ideal, basándote en una necesidad. Es contraproducente iniciar con la creación del producto y luego buscar el nicho de mercado al que pueda venderse.

Iniciar por la creación antes que la investigación es un grave error que generalmente cuesta tiempo y dinero, aunado a ello, debes saber que tu mercado meta evoluciona y siempre debes estar a la vanguardia para que ellos te premien con su lealtad.

Cuando Charles Lazarus creó la marca Toys "R" Us en 1957, la idea inicial era construir una especie de supermercado de juguetes, con grandes anaqueles y una gran variedad. Dentro de la tienda se iba a poder caminar por los pasillos y tomar, incluso jugar con el juguete que deseara, conociendo sus beneficios y capacidades antes de comprarlo.

Construyeron una tienda que funcionaba por autoservicio, que no tuviese la necesidad de un vendedor pero si de un cajero, los clientes se movían por la tienda y se decidían por el mejor producto, en este caso por el mejor juguete.

En 1957, el modelo de Toys "R" Us fue una idea realmente novedosa y que ayudó a la empresa a posicionarse dentro del mercado, sin embargo, 50 años después, fue cuando apareció el problema.

Pasaron los años y las tiendas de Toys "R" Us se veían exactamente iguales. No cambiaron. Su nicho de mercado evolucionó y las necesidades cambiaron, pero ellos no. No vivieron una real evolución sino que se quedaron como atrapados en el tiempo, con su antiguo modelo de negocio.

Al no mantener la innovación constante, todo se complicó, fue un declive realmente triste para la marca, no invirtieron lo suficiente en el comercio adaptado a la era digital.

Hoy en día casi todas las marcas de juguetes y tiendas departamentales tienen un sitio e-commerce, lo que le sucedió a Toys "R" Us, es una consecuencia de no haber prestado la atención adecuada a las necesidades que existían dentro del segmento del mercado al que le estaban hablando y eso los llevó a la quiebra.

Toys "R" Us contaba con más de 735 tiendas en todos los Estados Unidos, se vieron en la necesidad de cerrar sus puertas, a causa de que los consumidores ya no iban a sus establecimientos a comprar.

El consumidor principal de su segmento del mercado, en este caso padres y madres buscando juguetes para sus hijos, poco a poco comenzaron a preferir las compras por internet en sitios como Amazon.

Este triste suceso no solamente les llevó a cerrar sus principales tiendas, sino también a cerrar las sucursales de Babies "R" Us que se especializan en juguetes para bebés.

El fracaso de este imperio de los juguetes no fue sorpresa para nadie, puesto que previamente habían solicitado protección contra quiebra, ellos se anticiparon a esta tragedia, pero se encontraban en una encrucijada.

En enero del año siguiente, notificaron sus planes para cerrar 182 tiendas, no era mucho lo que podían hacer, desafortunadamente no avanzaron por el camino correcto y se derrumbó la casa de naipes que habían construido.

Migrar del modelo tradicional al digital es un proceso necesario para lograr el crecimiento y mantenerse en la mente del público joven, al momento de la publicación de este libro Toys "R" Us abrió dos tiendas, con un modelo de negocio diferente, enfocado en la experiencia del usuario, tecnología y áreas especializadas para padres e hijos.

Me gustaría resaltar algo, de más de 700 tiendas, luego de irse a bancarrota, solo han podido recuperar dos tiendas. Es realmente un porcentaje demasiado bajo para un imperio de esa magnitud.

Tienes que tener algo muy en claro, si esto le sucedió a una empresa tan importante, que tuvo un éxito impresionante desde un principio, nada garantiza que evites fracasar en tu emprendimiento.

Por lo que es importante que desde el principio te prepares para cualquier escenario, tomando precauciones, pero siendo consciente de lo que puede suceder en el peor de los escenarios, para que no te tome por sorpresa.

Vamos a analizar un poco las estadísticas de éxito de emprendimientos en importantes países de Latinoamérica.

En Colombia, solamente el 41% de los emprendimientos sobreviven al segundo año de vida, mientras que el 59% fracasan y se pierden en el intento.

En el caso de México, el 75% de los "startups" fracasan antes de ese segundo año de existencia, mientras que sólo el 10% de empresas logran llegar a los 10 años de actividad, de acuerdo con un nuevo reporte realizado por el Instituto del Fracaso, el brazo de investigación del movimiento de emprendedurismo Fuck Up Nights.

¿Qué causará una tasa tan alta de fracasos? La respuesta es que muchos emprendedores suponen que encontrar un producto exitoso es el final de ese camino tan duro, cuando es justamente todo lo contrario. Encontrar un producto que sea rentable, es solo el comienzo.

Puesto que no solo deberás satisfacer la necesidad que ya habías localizado, a la par, debes ir creando alternativas y complementos que brinden un valor agregado a ese producto o servicio, para que tus clientes lo consideren de gran ayuda para sí mismos.

Vas a comenzar a crear lazos de lealtad, de esa manera podrás ofrecerle a tus clientes nuevos productos que sigan satisfaciendo las necesidades que ya conoces y las que surjan después.

La ventaja que tienes es esta: tus clientes han consumido tu oferta y no necesitan que les repitan que tan bueno eres, ellos ya tienen el conocimiento previo de tu marca.

Es mucho más difícil encontrar nuevos clientes para un nuevo producto, que convencer a clientes ya existentes.

Ahora no es necesario realizar nuevamente un estudio de mercado ni nada por el estilo, puesto que ya tendrás abarcado tu mercado y sabrás cómo funciona realmente.

Kevin Kelly, en su ensayo "1000 True Fans", explica que no es necesario priorizar el conseguir nuevos clientes, algo que hacemos frecuentemente al momento de emprender, querer aumentar a los clientes en número, casi siempre es algo irreal.

Él explica que es suficiente tener 1000 fans fieles y reales que estén felices con lo que les ofreces, con ellos podrás obtener una buena cantidad de ingresos manteniéndolos cautivos con nuevos productos.

Este experto comenta que para ser verdaderamente exitoso no se necesitan ni millones de dólares, ni millones de clientes, ni de fanáticos.

Para ganarse la vida como artesano, fotógrafo, músico, diseñador, autor, animador, creador de aplicaciones, emprendedor o inventor, solo necesitas cientos de verdaderos fanáticos.

Si te enfocas en la innovación continua, te podrás diferenciar de otros diginautas, tener esa cercanía con tu público objetivo, entenderlos y ofrecerles lo que realmente necesitan, es la clave. Quizá el término "fan" te parezca un poco extraño, pero en el mundo de los negocios también existen fans y es cada persona que va a comprar todo lo que vendas.

El resultado de ello sería que cualquier producto que generes, ellos lo van a querer comprar, porque son leales y fanáticos de tu marca.

La lealtad sucede con grandes marcas como Nike, Adidas, McDonalds y Coca Cola, el objetivo es que suceda con la tuya. Si fueras un cantante, a tus fans leales no les importaría la distancia que tengan que conducir para escucharte cantar.

Comprarían las versiones originales, aunque tengan la posibilidad de obtenerlos gratis o de manera pirata, estarían muy pendientes de todo lo que tú hicieras, otros habrían configurado un Google Alert con tu nombre para saber todo lo que tú y que otros postean sobre ti.

Un verdadero fan, marca como favorito la página de Amazon donde aparecen las ediciones agotadas, ellos son los primeros en los lanzamientos de un nuevo producto, compran la camiseta, la taza y el sombrero, no pueden esperar hasta que se publique el próximo trabajo, porque así son los verdaderos fanáticos.

Consigue 1000 fanáticos así y vendeles el equivalente a $100 al año para asegurar $100,000 al año, ahora imagina tener 1500 y que esos 1500 estén realmente enamorados de lo que haces.

Al tener en cuenta la innovación basada en la evolución de las necesidades de tu cliente, vas a construir algo muy sólido, lo importante es que puedas ofrecer nuevos productos, que sean de la misma o mejor calidad que el primero que compraron, que no digan que el primero es insuperable, sino que cada vez sea mejor, eleva los estándares, apuntando hacia arriba y el resultado será increíble.

Aprovechando el poder de los influencers

Coco Pink Princess es una niña de 7 años con medio millón de seguidores en Instagram. Seguramente cuando estés leyendo este libro sean mucho más, gracias a que ha cautivado a sus usuarios con su dulce personalidad y a la vez luce fashionista en cada fotografía que postea en sus perfiles.

Su familia tiene una tienda de ropa y es la que ella escoge para lucir en estas fotografías. Su madre es dueña de una tienda de ropa en Japón, la pequeña asegura que ninguno de sus amigos se viste como ella y eso la hace relucir sobre el status quo.

Obviamente en este punto de su vida, Coco sabe a qué tipo de audiencia se dirige, que está conformado por bebés y niños de su edad, un segmento del mercado que está repleto de marcas y empresas, quieren trabajar con ella para que exhiba sus prendas en sus cuentas.

Por supuesto, no es sorpresa que este tipo de influencers tengan gran poder de "influenciar" el comportamiento de su audiencia, muchos pueden llegar a introducirse en los pensamientos de sus usuarios mediante la persuasión en el contenido que generan, Instagram, Facebook y Youtube son su mayor vitrina y ellos son sus más grandes maniquíes.

Recuerda que para ese tipo de clientes, las prendas de bebés o infantes tiene más valor si la lleva puesta Coco Pink Princess, estos van cambiando sus pensamientos, adecuándose a los que les presenta esta niña.

Así es cómo los influencers pueden ofrecer difusión masiva y profunda para tu producto, al compartirlo en sus perfiles de redes sociales, ellos lo estarán presentando a miembros de tu nicho de mercado, haciendo verdaderamente eficiente medir el retorno en la inversión de tu presupuesto publicitario.

Es importante aprender a seleccionar el influencer que pueda ser útil a la hora de crear alianzas. La investigación se hace mediante un estudio de mercado donde te vas a dar cuenta que entre los usuarios de tu nicho hay una personalidad con muchos seguidores.

Entre más seguidores tenga, es mejor. No olvides pedir que te muestren las estadísticas oficiales que la plataforma les presenta desde sus perfiles, para que puedas verificar que sus seguidores e interacciones son reales, sino estarás perdiendo esa inversión.

¿Por qué querrían esos influencers trabajar contigo? ¿Cuál sería la razón para enviar tráfico a tu landing page sin algo a cambio? ¿Qué te hace especial?

Pues si haces bien tu trabajo a la hora de crear un producto que satisfaga las necesidades de tu público objetivo, podrás ver que es el mismo al que le hablan estas figuras públicas, al que se dirigen diariamente, por lo que va a ser una relación ganar-ganar para ambos.

Tú podrás ofrecerle de regalo tus productos o servicios a sus seguidores o facilitarles algunos a ellos para que realicen la dinámica que crean conveniente, muchos hacen concursos para ganar nuevos seguidores y fidelizar.

A los influencers les conviene regalarle cosas a sus seguidores porque ¿A quién no le gusta que le regalen cosas? En realidad a todos nos gusta eso y es por ello que les funciona tan bien.

Cuando trabajes con influencers crea una variación de tu landing page específicamente para ese influencer si tu objetivo es generar tráfico hacia tu oferta. Así lo vas a hacer con cada uno, porque tienes que medir el tráfico que te envíen directamente desde su perfil, para comprobar si realmente te funciona o no su participación en esa campaña.

Haciendo esto podrás analizar el tráfico que llega por este medio y ver cuántos se convierten realmente en clientes de tu producto o servicio, por supuesto debes comparar esta inversión con el tráfico que compras por la web, ya sea CPC (costo por clic), pago por conversión o lo que hayas escogido, de esta manera podrás ver lo que realmente te conviene, con un influencer vas a tener una ventaja que no te brinda ningún otro canal y es que ellos van a dar fe de que tu producto vale la pena para el público.

Seguramente ese influencer le va a describir a sus seguidores todas las ventajas de tu producto o servicio, como le funcionó y lo satisfecho con está, todo estará pasando en tiempo real, así que recuerda algo, más vale un cliente satisfecho que uno molesto.

Te recomiendo que te enfoques en crear una buena relación con los influencers, debido que al crecer y créenos, todos los influencers crecen día tras día, ellos van a tener una especie de historial contigo porque probaron lo que ofreces y saben que es de calidad.

Así que cuando estés listo para lanzar un nuevo producto será mucho más fácil abordarlos para que se unan a tu campaña de publicidad, porque no tendrán ningún problema en seguir trabajando contigo. No te preocupes si no conoces a un influencer en tu rubro, existen influencers para todo tipo de mercado solo necesitas hacer unas cuantas búsquedas en

Instagram o Youtube y tendrás excelentes resultados.

Redes de Afiliados

Podría escribir un libro entero sobre este tema, porque es verdaderamente extenso, pero trataré de explicártelo de la manera más sencilla para que comprendas todo lo que trae consigo.

Lo primero a comprender, es que un afiliado es alguien muy distinto a un influencer. Un influencer puede persuadir a sus seguidores para que adquieran un producto o un servicio, mientras que un afiliado, va a suscribirse a tu empresa para atraer más clientes que compren tu producto, con el fin de que le des un porcentaje por cada venta realizada.

Vamos a tomar como ejemplo a "The Points Guy", quienes hicieron su fortuna gastando, puede sonar un poco extraño pero es real.

Thepointsguy.com es un blog que se dedica a compartir consejos sobre como viajar por el mundo utilizando tarjetas de crédito para generar cupones de descuento, millas en vuelos, obsequios en cuartos de hotel, entre otros beneficios.

La filosofía del blog, de acuerdo al sitio www.thepointsguy.com es "Si no aceptan tarjetas de crédito, no hacemos negocios con ellos" y es así como poco a poco fueron reduciendo su nicho de lectores haciendo mucho más específico su segmento del mercado.

Han segmentado su audiencia hasta el punto de que el 99% de sus lectores tienen una tarjeta de crédito y quiere aprender a cómo sacarle provecho para recibir recompensas y premios por utilizarlas.

Lo interesante acerca de este segmento de mercado, es que los usuarios más probables a inscribirse para recibir una nueva tarjeta de crédito son aquellos que ya tienen una, lo que ha contribuido al éxito del blog, puesto que están afiliados a compañías de tarjetas de crédito y promueven sus productos a cambio de una comisión cada vez que haya una venta.

Con esta información en mente, la última vez que respondió un AMA (Ask me Anything o "pregunta lo que quieras") en Reddit, Brian Kelly, o The Points Guy, tenía 2.5 millones de visitas a su sitio al mes y recibía entre $50 y $400 dólares por cada inscripción a una tarjeta de crédito de una de sus visitas.

Con esas comisiones, en su sitio tiene enlaces con varias de las compañías de tarjetas de crédito más grandes del mundo y por medio de un software que rastrea el tráfico proveniente de sus enlaces, thePointsGuy.com demostraba cuales visitas habían sido "recomendadas" o "dirigidas" por él.

Encontró un nicho de mercado y lo atacó con todo lo que tenía: sus conocimientos. La astucia también es un valor bastante bueno en el mundo de los negocios.

Así funciona básicamente el affiliate marketing o marketing de afiliados, se basa en la promoción y dirección de tráfico hacia tus ofertas por afiliados a tu negocio.

Quizá puede funcionarte muy bien en tu emprendimiento, puedes hacer uso de las listas de afiliados para que envíen tráfico a tu página a cambio de un porcentaje de la venta.

No sé volverán dueños de tu negocio, solo se llevaran un porcentaje de cada cliente que se consiga. Muchas plataformas de e-commerce o de comercio en línea lo están haciendo, creando enlaces personalizados para cada afiliado y contabilizando la cantidad de clientes y tráfico que se recibe por medio de ellos.

Big Commerce y Shopify cuentan con funciones que generan enlaces para que tengas muy bien organizados a tus afiliados y sepas quienes te envían tráfico, con la finalidad de que vayas aumentando el porcentaje de comisión conforme envíen más clientes a tus ofertas.

El porcentaje de comisión por venta, la relevancia de tu producto en el mundo moderno y la facilidad para vender tu producto, serán los principales factores que determinen el éxito de tu red de afiliados, además de la calidad del tráfico que te estén enviando. De nada sirve tener miles de personas llegando a tu landing page y que no se conviertan en compradores. De la misma manera, de nada sirve tener miles de afiliados, si no van a contribuir con tráfico que en verdad se traduzca a ventas.

Al trabajar con afiliados debes aclarar cómo va a ser la remuneración, porque puede ser que ellos piensen equivocadamente que mientras más tráfico envíen más ganancias van a tener, puedes trabajar por niveles en los cuales limites la cantidad de usuarios enviados y allí se estipula un porcentaje, esto hacen muchas de las empresas más grandes de comercio por internet.

Dales la oportunidad de que crezcan de tu mano, si te envían una gran cantidad de tráfico de calidad puedes darles mayor porcentaje y así sucesivamente de acuerdo a como lo acuerdes con ellos.

Lo que importa, es la calidad de las personas que los afiliados envíen, de nada vale recibir millones de likes o vistas y no generar ninguna venta o que no logres monetizar, en este punto debes saber si tendrás o no la capacidad de trabajar con este tipo de mercado.

SQUARE 36

BOB MAYDONIK

Vamos a presentar otro caso de éxito de quienes hicieron uso del modelo de negocio online que hemos descrito en este libro, para lograr ese estilo de vida nomádico del que tanto te hemos hablado.

Recuerda, no hace falta que tengas un gran capital, lo que debes tener es una gran idea, que sea diferente de las demás y ponerla en marcha.

Te aseguro que si tu crees que esa idea es buena, los que están a tu alrededor también lo van a creer y confiarán en ti, al punto en que te conviertas en un exponente en tu ramo.

Con eso no queremos decirte que tu prioridad sea que te conviertas en un influencer o en un gurú, pero si en alguien que hace muy bien las cosas, solo debes centrarte, verás que poco a poco las cosas van a salir bien, sigue nuestros consejos y pon atención a los casos de éxito que te presentamos.

Como te decíamos en el caso de Christopher Odell, son millones las ocasiones en que las grandes ideas comenzaron con satisfacer las necesidades del emprendedor en primer lugar.

Esto tiene que ver con la capacidad que tenemos como seres humanos de ver más allá de nuestros propios ojos, que no en todos los casos sucede, pero en el caso de los productos o servicios exitosos, sí.

Cuando alguien tiene una idea increíble, es porque tiene una necesidad y debe eliminarla o disminuirla, obviamente también aplica para las necesidades colectivas, siempre y cuando nosotros nos veamos inmersos.

¿Lo ves?

Además de analizar cómo podemos resolver esa necesidad, muchas veces, es la base para descubrir la rentabilidad de un producto o servicio y conseguir ese nicho de mercado en el que tanto hemos pensado, y que ahora llegó de manera natural.

Entonces en este punto seríamos la primer persona de nuestro mercado, al observar nos damos cuenta de que seguramente hay dos o más personas con la misma necesidad que nosotros, es allí cuando encontramos el producto o servicio perfecto para satisfacer una necesidad en específico y tener un mercado potencial.

Es bastante común entrar es un estado de frustración o desesperación cuando no se cuenta con algo que vender y hay una necesidad de comenzar un emprendimiento, las personas por lo general sienten que ya no son productivas o en el peor de los casos, que ya se les acabaron las ideas, porque

que no pueden tener un producto innovador que supla una necesidad o que la disminuya.

Muchas veces simplemente desaparece la necesidad, he allí cuando hablamos de tener un producto o servicio exitoso. Es necesario evitar desesperarse y enfocarnos en la solución, más que en la producción.

En el caso de Square 36, la sencillez los distinguió del resto llevándolos al éxito seguro, Bob Maydonik y su equipo tuvieron la magnífica, pero funcional idea de fabricar un tapete que se adaptara a las necesidades que ellos tenían, todo comenzó con la necesidad de Bob y así encontró también un nicho de mercado.

Bob, el creador del tapete de yoga llamado Square 36, no podía encontrar un tapete duradero y fácil de transportar para sus rutinas de ejercicios, sus únicas opciones eran tapetes de yoga o baldosas de goma para evitar el alto impacto que el ejercicio de cardio tenía, algo que le disgustaba porque no siempre tienen el peso o tamaño adecuado para eso.

Así fue como se dio a la tarea de crear algo mucho más práctico para su necesidad, un tapete que pudiese colocar en la sala de su casa, que tuviese un peso bastante ligero y sobre todas las cosas, que resistiera a las rutinas cardiovasculares que realizaba con zapatos

Este fue su punto de partida, porque los tapetes de yoga se rompían fácilmente al hacer estas prácticas con sus zapatos puestos, de esta manera nació la alfombra de entrenamiento Square 36, con alta resistencia a las duras pisadas, fácil de transportar y de enrollar en cualquier lugar donde se encontraba.

Bob pensó que si había un mercado de amantes del yoga que estuvieran comprando tapetes a través de internet, seguramente habían personas que compraban dos tapetes para poder suplir la necesidad de tamaño que tenían con uno solo.

El único beneficio era el doble de tamaño a la hora de practicar sus actividades, lo que se resumía en comodidad y obviamente era una necesidad que se debía cubrir, otros no lo estaban viendo, pero Maydonik si.

Entonces se preguntó ¿Por qué no fabricar un tapete que tenga el doble de tamaño que los convencionales y así suplir esta necesidad? Puso a andar su emprendimiento, pensando primero en él y luego en otros que tuviesen esa misma necesidad.

"Primero intentamos hacer una barra que se pudiera balancear por sí misma para hacer pull-ups. También consideramos hacer anillos que se pudieran adaptar a cualquier marco de una puerta y de esa manera el dueño pudiera hacer ejercicios de gimnasia en su casa.

Quizá el punto más decisivo por el cual no hicimos estos productos, fue porque nos dimos cuenta que el mercado que pudiera querer anillos, era mucho más chico que el mercado de tapetes para yoga." Esto indicó Bob al hablar de su emprendimiento.

Algo que fue más allá de un simple tapete, lo llevó a pensar realmente cuál iba a ser su nicho de mercado y a colocarlo como una necesidad que se pudiera transformar en algo realmente valioso para quienes adquirieran el producto.

Recuerda que las personas que practican actividades físicas son muy exigentes con su equipamiento, sobre todo cuando se trata de cuidar su bienestar físico, ese era el objetivo al realizar este tapete de tamaño poco convencional.

Debía ser altamente funcional para todas las personas que lo compraran, suplir esa necesidad de espacio y además, extremadamente ligero y práctico.

Descubrió que además de él, otros también lo necesitaban.

Al idear esta propuesta de negocio, Bob, pensó en varios tamaños que poco a poco se fueron transformando hasta los tamaños que tienen posicionados hoy en día.

El tapete más pequeño que tienen actualmente en venta es de 1.80 metros cuadrados, lo que es casi el doble de los tapetes convencionales que se usan para estas disciplinas, los tapetes que tienen en su stock pueden llegar hasta los 6 metros cuadrados, algo que ninguna marca había pensado.

Quizá para muchos, los tapetes son de un tamaño bastante exagerado, la realidad es que no son para todo tipo de público, por eso ellos están posicionados en un nicho de mercado muy específico.

El costo por el más pequeño, de 1.80 metros cuadrados, es de alrededor de $100 dólares, en su estrategia de marketing hacen uso del término "Free Shipping" o "Envío gratis" y como se aplica en muchos negocios, en realidad no es gratis, solamente está incluido en el costo total que se muestra del producto, el cliente no lo ve "añadido" al momento de realizar la compra y siente como si realmente le están regalando el envío del producto.

¿Lo ves? Una estrategia bastante inteligente en un producto realmente sencillo, de esto se trata un poco el marketing, de generar estrategias que den un resultado impresionante para la empresa, algo que Bob y su equipo entendieron a la perfección y les ha salido de maravilla.

El costo de su tapete más grande o "Premium" es de $235 dólares, hay una premisa que conocemos, tu producto debe tener un valor entre $79 dólares y $250 dólares.

Si el costo es mayor a esta suma, puede generar un poco de duda al posible comprador y tendrá que verificar si tu producto es realmente bueno o no.

Eso no es todo, lo que en realidad va a estar generando es una incomodidad y quizá no concrete la compra por este motivo. Si cuesta menos de $79 dólares tal vez obtengas un margen de ganancia insuficiente y tu negocio no sea tan rentable como te lo hemos descrito.

Por esto es necesario que te mantengas con un costo de venta entre estas dos sumas para que no tengas problemas posteriores.

Después de un año y medio vendiendo tapetes de tamaño poco convencional y posicionándose en el mercado, además de incrementar la cantidad de personas que se interesan por este tipo de artículos, Bob Maydonik, genera entre $15,000 y $25,000 dólares al mes por estos tapetes.

No diremos que fue un trabajo fácil, pero si fue una idea ingeniosa que logró aterrizar, porque él era parte de este mercado, además de que su producto es caracterizado por la sencillez, su sitio web también lo es, solo cuenta con las cosas necesarias para echar a andar un comercio en línea.

Recuerda que muchas veces menos es más, en su caso, los clientes visitan el sitio por lo que realmente quieren, que son los tapetes, él pudo incluir rutinas de ejercicios o algo parecido, pero el fin es que compren productos de Square 36

El usuario al ingresar a su página puede comprar el producto sin problemas, a todo esto se le suma una garantía donde si compras y no estás satisfecho con el producto en los primeros 60 días de la compra, te devuelven el dinero sin mayores preguntas.

La idea es que estés feliz con el producto que ellos te ofrecen y si no lo estás, no tienen problemas en devolverte tu dinero, un valor agregado que le da credibilidad a la marca, son diseños altamente exclusivos porque sus clientes son un target muy definido.

En cuestiones de producción, tienen tres líneas de productos de cuatro diferentes tamaños, los cuales se manufacturan netamente en China y se distribuyen directamente desde el fabricante a su consumidor final.

Ningún producto toca la bodega de Bob en los Estados Unidos, todo es exportado desde China para el resto del mundo, algo que ni siquiera habían imaginado algunas empresas y que a su marca le brindó un valor increíble.

Estamos conscientes de que existen ejemplos complicados de negocios en línea que también son muy rentables, redes de distribución que son interminables, pero casi siempre los modelos más exitosos y aún más importante, que son más fáciles de manejar, simplifican todo lo que pueden, hasta hacerlo automatizado, cuando un negocio es muy complejo, es más difícil automatizarlo.

Esta simplificación, suele ser el elemento más importante al delegar las responsabilidades que al principio el creador del producto suele tomar como suyas.

El valor real de un negocio basado en las filosofías que hemos descrito en este libro, es que puedas convertirlo en un elemento de tu vida, que requiera poco tiempo para mantenimiento.

Bajo esta filosofía de vida, mientras más automatizados estemos, invertiremos menos horas en tener un emprendimiento más exitoso.

En el caso de Square 36, el creador dedicó el tiempo y sacrificio de días de entre 16 a 18 horas, trabajando en el sistema, además de buscar un proveedor, que después de un año y medio ya estuviera redituando y funcionando casi por sí mismo.

El siguiente paso de lo que él logró, es reducir la cantidad de tiempo que le dedicas al negocio, esto se alcanza delegando las actividades a otra persona y removiendo tu toma de decisiones que actúan como un cuello de botella.

Recordando que el 20% de las acciones más importantes, son responsables del 80% de los resultados, este empresario digital, detrás de Square 36 analizó y redujo a lo esencial su tiempo de participación en el emprendimiento.

El ideal es dedicar ese tiempo a otras tareas más importantes como crecer, emprender otros negocios o simplemente disfrutar con la familia.

Esto es lo que queremos que comprendas, tú puedes hacer de tu emprendimiento algo verdaderamente increíble y no convertirte en esclavo de él.

CAPITULO XVII

LIBERTAD DE TIEMPO Y MOVILIDAD: LOS MEJORES CONSEJOS PARA DISFRUTAR TU NUEVO ESTILO DE VIDA

¿CUÁNTAS EXPERIENCIAS DE VIAJES INOLVIDABLES TIENES?

> **"** *Viajar es una brutalidad. Te obliga a confiar en extraños y a perder de vista todo lo que te resulta familiar y confortable de tus amigos y tu casa. Estás todo el tiempo en desequilibrio. Nada es tuyo excepto lo más esencial: el aire, las horas de descanso, los sueños, el mar, el cielo; todas aquellas cosas que tienden hacia lo eterno o hacia lo que imaginamos como tal."*

- Cesare Pavese

Un banquero estadounidense estaba en el muelle de una modesta aldea costera de México, cuando atracó un pequeño bote con un pescador.

Dentro del bote pequeño había varios atunes de aleta amarilla grandes.

El estadounidense felicitó al mexicano por la calidad de su pescado —y le preguntó cuánto tiempo tardó en atraparlos—.

—El mexicano respondió— "menos de una hora."

—Entonces, el estadounidense preguntó— por qué no se quedaba más tiempo y capturaba más pescado.

—A lo que el mexicano contestó— tengo suficiente para satisfacer las necesidades inmediatas de mi familia.

—El estadounidense luego preguntó—, "¿Y qué haces con el resto de tu tiempo?"

—El pescador mexicano contestó—: "Duermo hasta tarde, pesco un poco, juego con mis hijos, tomo siestas con mi esposa María, luego voy al pueblo todas las tardes donde bebo vino y toco la guitarra con mis amigos."

"Tengo una vida plena y ocupada."

—El estadounidense sonrió y le dijo— "Soy un MBA (Master in Business Administration) de Harvard y podría ayudarte, deberías dedicar más tiempo a la pesca y con los ingresos, comprar un bote más grande."

"Con los ingresos del barco más grande, podrías comprar con el tiempo una flotilla de barcos de pesca."

"En lugar de venderle tu pesca a un intermediario, venderías directamente al procesador y eventualmente abrirías tu propia procesadora. Podrías controlar el producto, el procesamiento y la distribución."

"Tendrías que abandonar este pequeño pueblo costero de pescadores y trasladarte a la ciudad de México, luego a Los Ángeles y finalmente a la ciudad de Nueva York, donde podrías dirigir tu empresa en expansión."

—El pescador mexicano preguntó—: "Pero, ¿Cuánto tiempo llevará todo esto?"

—A lo que el estadounidense respondió—: "Aproximadamente entre 15 y 20 años."

"¿Pero entonces qué?", —Preguntó el mexicano—.

—El estadounidense se rió y dijo—: "Esa es la mejor parte. Cuando llegue el momento, se anunciaría una oferta pública inicial para vender las acciones de la compañía al público y te harías muy rico ¡Ganarías millones!"

"Millones, ¿entonces qué?", —Respondió el mexicano—.

—El estadounidense dijo—: "Entonces te retiras, mudándote a un pequeño pueblo pesquero costero donde dormirías hasta tarde, pescarías un poco, jugarías con tus hijos, tomarías siestas con tu esposa, irías caminando al pueblo por la noche, donde podrías beber vino y tocar la guitarra con tus amigos."

Esta historia realmente se ha convertido el estandarte de quienes disfrutamos de momentos, que vemos hacia el futuro como un camino de porvenir y no solo de producir dinero.

De esto se trata nuestra filosofía, de disfrutar cada momento, sin preocuparnos de qué tan grande se va a convertir nuestra cuenta de banco.

Describiendo a la perfección lo que buscamos en nuestra aventura de emprendimiento y crecimiento financiero como diginautas, porque no solo se trata del éxito o el dinero, la experiencia va mucho más allá de eso.

Va de la mano con las cosas que vienen después de obtener éxito y dinero, esos viajes que siempre habíamos querido hacer, el recurso para poder costear un curso, aprender otro idioma o esa experiencia magnífica de algunos al comprarse un auto deportivo de lujo.

En eso se basa, en esas pequeñas cosas que van llenando nuestro costal de experiencias, y que para nosotros son realmente únicas.

Cuando emprendemos un proyecto de vida se siente una especie de plenitud y paz que parece que nunca habíamos vivido antes, es como si llegáramos a un sitio que nunca antes habíamos visitado.

Se siente inexplorado, pero es muy parecido a llegar a la cumbre de una montaña, encontrando la estabilidad y serenidad que siempre habíamos querido tener y se vuelve verdaderamente tangible. Puede vivirse estando de viaje o en casa con nuestros seres queridos.

Lo importante de todo esto, es que puedas alcanzar esa plenitud de la que te hablo, que te sientas satisfecho o satisfecha con lo que hiciste durante el tiempo en el cual estabas armando tu emprendimiento, sino todo habría sido en vano.

De nada sirve que te esfuerces durante un largo tiempo y que luego no disfrutes lo que haces, en otras palabras, de nada vale que tengas millones de dólares y que no te tomes el tiempo siquiera de conocer un lugar nuevo y respirar, en eso es lo que quiero que te enfoques de ahora en adelante, ya verás que no es tan difícil como piensas.

Es muy importante que sepas que en este punto tienes una ventaja a tu favor y es que no necesitas ser millonario para vivir las experiencias que vive un millonario. Esas no te las dará nadie, en este punto, solo tú puedes hacer de tu vida lo que siempre habías querido que fuese, tomarte ese tiempo libre para ti y poder estar de vacaciones infinitas.

Vas a gozar al tomarte unas vacaciones paradisíacas durante tres meses, comprarte el automóvil de lujo que siempre habías querido tener, el dinero necesario para pagar clases de esgrima, equitación, surf, snowboard o cualquier otro deporte o actividad con la que has soñado.

Es en este momento cuando te darás cuenta de que todo tu esfuerzo y dedicación valen cada segundo invertido, y vas a estar muy a gusto con lo que hiciste, te lo aseguro.

Sin embargo, algo que debes tener muy claro es que todo esto lo vas a lograr teniendo en mente cuales van a ser tus gastos, y el tiempo que necesitas invertir para tener los ingresos necesarios para ello.

Por eso retomaremos el tema que vimos al principio de este libro. Recuerda que debes presupuestar tu sueño, es necesario saber cuánto es el aproximado que vas a gastar incluyendo hospedaje, traslados, comidas, visitas a sitios históricos o el pago de las clases que tomarás, todo esto lo vas a dividir entre la cantidad de días que planeas estar disfrutando, para así saber cuánto recurso necesitas producir a diario.

Obviamente no todas las personas que quieren llevar esta filosofía de vida están centradas en lujos y cosas costosas. Al contrario, sabemos que el principal objetivo de las personas es lograr una independencia laboral y económica en esta modalidad remota, para trabajar desde cualquier parte del mundo y viajar sin problemas de horarios, no precisamente quieren comprarse un Rolex o un Cartier.

Habrá quienes buscan tener más tiempo para poder jugar y compartir con sus hijos o estar con sus parejas. Quizá el tiempo en la oficina parece productivo, pero es tiempo que le puedes invertir a tu familia y que una vez que lo desperdicias, no regresa bajo ningún concepto.

Algunos quieren disminuir la cantidad de horas laborales, con el objetivo de tenerlas como inversión. Tener una cantidad máxima de horas productivas te permite invertir el resto de horas libres en hacer actividades para tu vida cotidiana.

Otros quieren acortar ese límite geográfico que había creado una especie de barrera para aprender un idioma nuevo o alguna especialidad que habían querido estudiar, pero que por falta de tiempo habían dejado de lado.

Sabemos que por cada una de las personas interesadas en aprender este modelo de vida, existe una razón diferente por la cual realizar un cambio.

Esto se debe a que nuestras motivaciones son únicas, tenemos diferentes gustos e intereses y por ello, cada uno de nosotros buscará en este estilo de vida nomádico una razón singularmente relacionada a nuestras metas, que se adapte a cada necesidad para así emprender en el mundo digital y generar ingresos que sustenten esos sueños.

Con ese motivo escribo este capítulo, está enfocado a todos los que quieren tener esa libertad de poder viajar a cualquier parte del mundo sin estar atado a una oficina, conocer nuevas culturas, aprender nuevos idiomas, degustar gastronomías que nunca habían siquiera pensado.

Existen aquellos que se la pasan viajando por el mundo y haciendo cosas verdaderamente geniales. Todos conocemos a un amigo o amiga "pata de perro" que ha viajado por todo el mundo y ha vivido experiencias con muchas culturas. ¿Entonces, por qué habría excusas al querer intentarlo?

Suelen haber 3 excusas que nos hacen autosabotearse (y la sociedad las apoya) a la hora de querer vivir un viaje de 2-3 meses como "mini retiro."

Esas tres excusas son:

1. Debes jubilarte para poder viajar tanto tiempo.

2. Ese estilo de vida es solo para personas ricas o con mucho dinero.

3. Viajar tanto tiempo te va a perjudicar a largo plazo.

Vamos a revisar una por una, para que te des cuenta que son solo excusas y nada más que eso.

Primera excusa, es común creer que debes librarte de la supervisión y de los compromisos con tu jefe o una empresa, pero la verdad es que no necesitas ser tu propio jefe para viajar, si logras despegarte de tu escritorio y al mismo tiempo cumplir con las labores de tu trabajo actual, puedes lograrlo.

Poder apartarte de tu escritorio se logra en base a los resultados que vayas generando y que tu supervisor pueda constatar.

Es claro que poder hacerlo por muchos días no es factible para el 100% de los lectores, pero sí habrá varios que puedan alcanzar a negociar una cantidad de días fuera, mientras laboran de manera remota.

Recuerda que inicialmente no vas a pedir unas vacaciones de tres meses, vas a ir probando con pocos días y pocas horas, cómo te comportas con las tareas laborales, ya sea desde tu casa o cualquier otro sitio, tu supervisor va a formular una opinión de ti y de allí dependerá su decisión de darte más tiempo como el que solicitaste.

La clave para obtener el tiempo que solicitas va a estar en que demuestres con astucia que puedes aportar mucho más a la organización para la cual trabajas, estando desde tu casa. Tu meta es demostrar que puedes llegar a ser muy valiosos para ellos y así no podrán rechazar la propuesta que les estás haciendo.

Puedes comenzar con demostraciones paulatinas de uno o dos días de trabajo remoto, como lo comentamos en capítulos anteriores y que pruebes que de verdad puedes llegar a ser más productivo haciendo más cosas desde tu casa.

Una vez que se deleguen las responsabilidades de tu empleo y que ya no haya miembros de tu equipo a quien reclutar para que te ayuden, puedes hacer uso de asistentes virtuales contratados por internet, lo que permitirá que te deslindes de algunas tareas monótonas y abrirá camino para que uses el tiempo a tu favor.

Sobre la segunda excusa, viajar no es únicamente para gente rica.

De acuerdo a Forbes México, 7 de cada 10 mexicanos nunca se ha subido a un avión. ¿A qué crees que se deba que existen tantos mexicanos sin viajar? Nosotros creemos que no es por falta del deseo de viajar, sino por la falta de tiempo (La mayoría se encuentran encerrados en una oficina en lunes a sábado de 8:00 am a 6:00 pm).

Entonces la principal razón por la cual no viajamos no es por cuestiones de riqueza o poder adquisitivo, sino porque nos falta tiempo.

Si comparamos la cantidad de gente que viaja en México con otros países de Latinoamérica, la cifra de ciudadanos que nunca se han subido a un avión puede llegar casi al 95% de la población.

Obviamente te va a sonar a que viajar es de personas ricas cuando ves estos números, pero la realidad es todo lo contrario.

Viajar puede llegar a ser extremadamente barato cuando se planea y estructura un estilo de vida que te permita generar ingresos desde tu computadora o desde tu teléfono mientras estás lejos de tu hogar.

Lo más caro de un viaje puede llegar a ser el pasaje de avión pero hasta para eso hay solución y se pueden hasta hackear esos costos.

Incursionar dos tarifas unidireccionales en diferentes aerolíneas requiere mucho más esfuerzo y problemas que simplemente buscar una tarifa de ida y vuelta en un sitio como Expedia, Kayak, Despegar.com o cualquier otra plataforma que pueda ayudarte a comparar y buscar los mejores precios del mercado.

Entonces la pregunta es: ¿Merece el esfuerzo invertir 2 o 3 horas en una búsqueda a través de varias plataformas para encontrar la mejor tarifa? ¡Claro que lo merece!

Te puedes ahorrar cientos de dólares tomando rutas domésticas, inclusive miles de dólares en vuelos internacionales. Quizá suene un poco difícil todo esto, pero no lo es.

Cuando se identifica una tarifa de ida y vuelta inesperadamente alta o incluso si hay sospecha de que se puede ahorrar algo de dinero, hay que realizar búsquedas en vuelos de varios sitios.

Al encontrar los mejores por separado, guárdalos o márcalos, posteriormente selecciona y reserva la mejor combinación, es ahí donde te darás cuenta de que viajar no es tan costoso y podrás pagar ese viaje que tanto querías hacer.

También existen ciudades y países increíblemente bellos, llenos de atracciones turísticas y actividades culturales donde podrás vivir por menos de $20 al día.

Los $20 al día que te comento ya incluyen renta, comida, entradas a los sitios turísticos, entre otras actividades ¿Crees que $20 al día es difícil de obtener mediante las ventas por internet?

Si te centras en la excusa de que viajar es solo para las personas ricas allí te vas a encapsular y no podrás salir, debes ver mucho más allá e investigar.

Recuerda que no estarás de vacaciones lujosas, estarás en tu mini retiro, acá no necesariamente debes comer en un restaurante caro todos los días o visitar sitios que te generen un gasto excesivo.

Al contrario, se busca minimizar los gastos como el hospedaje o la comida, no es lo mismo estar de vacaciones durante 7 días que vivir 1 o 2 meses en un lugar como estos.

Cómo has de saber, comiendo en los sitios más típicos de la zona podrás convertirte en un lugareño y a fin de cuentas, es lo que se requiere para que vivas la verdadera cultura de cada destino.

Revisemos un ejemplo sencillo. Un grupo de diginautas decidieron visitar Chiang Mai, Tailandia por una temporada. Les encantaron las siguientes tres cosas de Chiang Mai; buena gastronomía, bajo costo de vivienda y buen WiFi.

Necesitaban buena conexión a internet para poder trabajar desde Tailandia y fue así como después de haber vivido 3 meses en esta hermosa ciudad, decidieron regresar la siguiente temporada para pasar más tiempo entre las calles de Chiang Mai. Algunos decidieron mudarse indefinidamente porque les parecía verdaderamente increíble y rentable habitar en esa ciudad.

Desde entonces, Chiang Mai atrajo a otros diginautas con un bajo costo de vida, la promesa de un buen WiFi y una comunidad de personas que también trabajan remotamente.

Cuando un grupo con las mismas características frecuentan ciudades como esta, la misma ciudad se va preparando para recibirlos y se adapta a sus necesidades, los restaurantes se adecuan, los hoteles colocan un mejor servicio de internet, los cafés dejan el WiFi libre con la esperanza que consuman mientras trabajan.

Así los diginautas van abriendo una brecha de la cual te puedes apoderar y que obviamente vas a aprovechar, puedes visitar esta y otras ciudades porque ya están preparadas para recibir diginautas como tu.

En un par de años, Chiang Mai y Ciudad Ho Chi Minh se convirtieron en los puntos de acceso en el sudeste asiático para los empresarios interesados en los bajos costos de vida.

Ahí los diginautas viven con $600 dólares al mes, con esto rentan su vivienda, visitan playas paradisíacas, disfrutan de manjares culinarios y viven una vida tranquila, cosa que en otras ciudades se está volviendo cada vez más difícil hacer.

En Puerto Vallarta, Cancún, Bogotá, Asunción, Praga, Budapest y Berlín también puedes encontrar precios similares y entre más austero sea tu estilo de vida, más podrá rendir tu ingreso.

Viajar, después de todo, no es caro, lo son los lujos no necesarios cuando uno viaja.

La tercera y última excusa es que viajar va a perjudicar tus finanzas a largo plazo. La premisa detrás de esta excusa, es que al estar viajando puedes descuidar tus planes de vida y que por consecuencia alcanzar tus metas se hará más difícil.

Hay que dejar algo en claro, lo que sí disminuye tu independencia financiera, es estar atado a un cubículo durante 5 días a la semana de 6 a 8 horas diarias, eso sí que va restando energía y quitando vitalidad. Un antiguo proverbio chino dice: "Uno aprende más viajando por mil días que leyendo mil manuscritos."

Tú eres el dueño de tu vida y debes tomar de una vez por todas las riendas de ella, esa falta de movilidad estando en un cubículo de trabajo puede significar una pobreza increíble a largo plazo.

Es más valioso contar con la movilidad para poder pasar tiempo como queramos, que estar produciendo más y más dinero.

Nunca estaremos aislados de nuestro trabajo cuando hacemos este tipo de viajes, esto es sumamente importante y va a ser la manera de generar recursos para seguir viajando.

Viajamos ligero, con propósito, tenemos un objetivo de conocer el mundo y nuestra libertad de movilidad nos permite hacerlo, nunca pensamos que llegaríamos a este punto justo como es probable que pienses tú.

Tal vez estés pasando por la transición de falta de fe en el comercio digital a finalmente ver los hechos y resultados, ojalá te des cuenta que si funciona y que si puedes hacerlo.

A veces las personas que te sugieren que no viajes, es porque nunca lo han hecho, te aseguro que quienes lo hemos hecho, nunca regresaremos al antiguo estilo de vida donde permanecimos prisioneros a nuestro trabajo en vez de disfrutarlo.

CAPITULO XVIII

EL CAPÍTULO FINAL DEL LIBRO (PERO EL PUNTO DE PARTIDA PARA TI)

¿ESTÁS PREPARADO O PREPARADA PARA DAR EL SALTO Y TRANSFORMAR TU VIDA?

> *No nos atrevemos a muchas cosas porque son dificiles, pero son dificiles porque no nos atrevemos a hacerlas."*
>
> *- Séneca*

Muchas personas consideran los finales como algo malo, afortunadamente en este caso, no es así, al llegar a este punto del libro ya se habrá despertado tu curiosidad y contarás con un sinfín de increíbles herramientas que te van a servir para tu vida como diginauta de ahora en adelante.

Muchas de esas herramientas las podrás encontrar de manera gratuita en mi sitio web, rafacuadras.com

Ser un diginauta, te hace partícipe de un estilo de vida del cual estarás encargado de explorar. Ese universo digital está totalmente preparado para recibirte, no tengas miedo de probar nuevas cosas, allí radica la magia de todo esto.

Es por medio de las conexiones humanas sucediendo a través de métodos virtuales, como nos vamos uniendo a comunidades que trascienden los límites geográficos. No hay nada más increíble que ser testigo de lo que logramos acompañados de otras personas con las que tenemos un fin en común.

Recuerda algo, el emprendimiento digital no es cosa de uno solo, rodéate de personas que estén haciendo cosas increíbles como tú, que tengan las ganas de cumplir un sueño, no de personas negativas ni desesperadas, en este momento tienes el futuro en tus manos.

Lo plantearé de esta manera: alrededor de 600 millones de personas en todo el mundo hablamos español. Muchas de ellas se sienten perdidas, sin un rumbo, sin metas y hasta sin sueños que cumplir. Seguro te estarás diciendo: "Es imposible que en esta época moderna, con todo el acceso a la información que nos brinda el internet, la mayoría de los que hablan español continúen sin un propósito de vida", pero la realidad es que existen millones que viven de esta manera.

Estas personas, desconocen que existe una manera de vivir, un estilo de vida bajo sus propios términos. Piensa en tu caso. Tu ignorancia no te permitía ver más allá de tu rutina diaria, hasta que descubriste un detonante.

El común denominador de todo ser humano es la búsqueda de respuestas. Unos descubren estas respuestas de manera rápida pero también hay otros que mueren sin haberlas encontrado, es allí cuando amerita preguntarse; ¿Realmente quiero vivir buscando respuestas o prefiero disfrutar la vida?

Algunos continúan buscando respuestas hasta su lecho de muerte, porque la mayoría de nosotros no vivimos suficientes variedades de emociones ni experiencias. Aquellos que viven una variedad suficiente de estos acontecimientos, suelen reconocer que fue más sencillo descubrir la verdadera esencia de su ser y responder a las preguntas que por tanto tiempo se habían hecho.

Sin esto, estarás viviendo una especie de hibernación de la que no despertarás nunca, es algo parecido al dicho de estar viviendo los días por simplemente vivir y no por sentir.

La realidad es que nunca dedicamos suficiente tiempo para nosotros mismos. Vivimos contra reloj, a la espera de la hora de salida, al viernes por la tarde para atragantarse de comida chatarra, cargar el automóvil de gasolina y pagar los servicios.

La vida se convierte en una preocupación constante y eso no nos deja disfrutar, así que estarás de acuerdo conmigo de que esto no puede continuar siendo así.

Como diginautas, creemos que la mayoría de los problemas mundiales se deben a que nunca tenemos suficiente tiempo para nosotros mismos.

Siempre anteponemos excusas para evitar el descubrimiento personal. Como humanos, no conocemos nuestro interior y no apreciamos nuestro verdadero valor. Si no nos apreciamos a nosotros mismos, mucho menos podremos apreciar lo que sucede a nuestro alrededor.

En el 2009 Bronnie Ware publicó un artículo que probablemente le cambió la vida a mucha gente, a mi me la cambió por completo. El título del artículo fue "De lo que se arrepiente la gente antes de morir" o en su idioma original "Regrets of the Dying". Luego de escribir el artículo, Bronnie Ware se inspiró a escribir un libro acerca del mismo tema.

Como el título lo sugiere, nombra las cosas más comunes de que la gente se arrepiente durante sus últimas horas o incluso minutos antes de morir, algo bastante impactante y triste a la vez.

Ella trabajaba en una unidad de geriatría donde presenciaba muchos casos de ancianos que se arrepentían de ciertas partes de su vida. Bronnie vivió las experiencias de las últimas diez a doce semanas de vida de estas personas, escuchando sus duras realidades y al mismo tiempo iba aprendiendo lo que después pudo compartir.

Durante su tiempo en la unidad de geriatría, Bronnie creó la lista de las cinco cosas más comunes de las que se arrepiente la gente antes de morir.

No te comparto esta información con el fin de que pienses en ellas justo antes de morir o por enviarte malas vibras, al contrario, es para que reflexiones y te inspires a vivir cada momento como si fuera el último. Estas fueron las cosas que vinieron listadas en el artículo:

1. Desearía haber tenido el valor de vivir una vida fiel a mí mismo, no la vida que los demás esperaban de mí.

2. Desearía no haber trabajado tan duro.

3. Desearía haber tenido el valor de expresar mis sentimientos.

4. Desearía haberme mantenido en contacto con mis amigos.

5. Desearía haberme sido más feliz.

Cinco frases bastante duras, ¿No?.

Y parece ser una realidad para muchos, quiero que emprendas un camino con los ánimos sobre el cielo, que tengas la fiel convicción de que vas a lograr tus sueños de la mejor manera, sin preocuparte por el qué dirán o por el qué pasará más adelante.

Recuerda que no debes arrepentirte de absolutamente nada en la vida, al contrario, evita que sea por las cosas a las que nunca te atreviste.

El internet está ahí, esperando a que lo utilices como tu máquina personal para imprimir dinero. Utiliza la metodología de Diginautas para presupuestar tu sueño y vive el estilo de vida que siempre has deseado.

Atrévete a vivir tu vida bajo tus propios términos.

Diginauta, ¡Bienvenido o bienvenida al resto de tu vida!.

Para ir cerrando este capítulo con broche de oro, queremos compartir un regalo, unos tips que no deben faltar en tu vida como diginauta, son las herramientas que te harán llegar al éxito:

Instapage

Al igual que otras herramientas de su estilo, Instapage te proporciona una manera fácil y rápida de crear tus landing pages en cuestión de minutos con un aspecto profesional y sin necesidad de tener conocimientos de programación.

Recuerda que si vas a vender algún servicio las landing page funcionan muy bien, es una herramienta verdaderamente increíble para ello.

Otro de los beneficios de esta herramienta de marketing, es que no tienes que instalar nada, funciona en la nube y te libera de la presión de contratar un proveedor de hosting para hacerla funcionar.

Logrando bajar los costos de inversión, recuerda que en la fase inicial, no debes sobrepasar el límite de $500 dólares.

El uso más habitual de este tipo de herramientas es sin duda alguna: conseguir leads, ventas o suscriptores a través de la captación desde una landing page.

Cuanto más profesional sea, más opciones de conversión tendremos, recuerda que un buen landing page, como lo platicamos en capítulos anteriores, tiene la posibilidad de completar solamente una acción.

Y por supuesto, para facilitar todavía más el proceso, necesitamos plantillas para adaptarlas a nuestras necesidades.

Instapage te ofrece diversas opciones profesionales para crear páginas de agradecimiento, descargas, conseguir leads, hacer webinars, entre otras.

Shopify

Es una plataforma que permite construir tiendas online o e-commerce de forma sencilla y rápida, además, está llena de herramientas útiles como plantillas y extensiones para optimizar la funcionalidad de tu tienda en línea y obtener el éxito esperado.

El proceso para implementar una tienda en línea lleva su tiempo, la razón es que tienes que seguir algunos pasos para garantizar su funcionalidad, sin embargo, gracias a Shopify y sus utilidades, el proceso será más rápido.

Esta plataforma se ha convertido en un constructor líder de tiendas digitales, avalado por sus más de 500,000 sitios de comercio electrónicos creados gracias a la plataforma.

Big Commerce

Debido a que se trata de una plataforma e-commerce diseñada con un enfoque a futuro, BigCommerce es ideal para diferentes empresas online, ofreciendo un amplio catálogo de funciones integradas y además, es muy fácil de utilizar, por lo que no es necesario tener conocimientos avanzados para crear una tienda online.

Eso sí, si deseas realizar cambios en el diseño deberás contar con conocimientos en lenguaje HTML básico y edición de CSS, algo que no todos sabemos.

En cuanto al diseño, es importante señalar que BigCommerce ofrece múltiples temas e-commerce y otras herramientas que te permiten mantener tu tienda online con una apariencia profesional y por encima de la competencia.

Fiverr

Es un mercado online donde miles de personas ofrecen servicios tan variados como pintorescos, iniciando desde cinco dólares, así, es posible encontrar a diseñadores que pueden crear un logo para una empresa, un locutor que puede grabar una cuartilla con acento inglés, o australiano.

La cantidad de opciones es amplia, alguien puede redactar un currículum increíble, se puede grabar una pista de violín para una pieza musical, personas que pueden darnos cinco nombres para una empresa o analizar la viabilidad de nuestro sitio web y darnos un reporte por escrito.

En fin, la cantidad de trabajos que puedes encontrar en esta plataforma va de lo muy serio a lo más absurdo.El sitio funciona más o menos así: cuenta con 10 categorías divididas en gráficos y diseño; marketing "online"; escritura y traducción; video y animación; música y audio, entre muchas otras, donde las personas ofrecen sus gigs o trabajos.

Cada uno de ellos cuenta con un perfil personal en que podemos ver su portafolios y leer las opiniones de los demás usuarios que ya los han contratado, ahí también podemos encontrar de manera detallada la descripción del gig y lo que incluye.

Lo interesante es que todos los trabajos inician con un costo de cinco dólares, con la posibilidad de comprar servicios adicionales o extras, una buena opción cuando necesitas subcontratar personas para que hagan trabajos por ti.

Upwork

Una de las plataformas más utilizadas en el mundo freelance.

De hecho, es la que hoy en día tiene más ingresos que ninguna otra, superando los casi mil millones de dólares al año.

Es una de las plataformas para freelancers con más oportunidades y competencia en el mercado actualmente, una de las tantas opciones dónde la mayoría comienza su vida freelance.

El objetivo de Upwork, es conseguir que las empresas puedan encontrar a aquellos trabajadores que necesitan, de forma rápida y efectiva en un entorno de confianza.

Esta plataforma funciona de la siguiente manera: Una empresa hace una publicación con la descripción del trabajo que desea que alguien le realice.

Aquellos freelancers interesados en realizarlos envían al empresario una carta de presentación y el contratante puede consultar el perfil del freelancer y las reseñas que le han dejado otros clientes anteriores.

Del mismo modo, Upwork envía a la empresa recomendaciones basadas en sus necesidades y desempeño.

Finalmente, la empresa puede entrevistar a distintos candidatos y tener total libertad para tomar la decisión definitiva, es muy parecido a lo que sucede en un trabajo convencional, el sistema de pago es seguro y tienen un sistema específico de resolución de conflictos entre los trabajadores y los empresarios.

Geekship

Es una compañía hindú para recursos y trabajos digitales en Inglés a bajo costo, en ella puedes "outsourcear" todos los servicios de creación de anuncios, campañas de CPC por Google y redes sociales, creación de sitios web y análisis de mercado, entre otros temas de marketing.

La ventaja es que es en la India, tienen miles de miembros en sus equipos, todos especializados en cada uno de sus ramos.

Esta agencia podrá satisfacer la mayoría de tus necesidades digitales en inglés, para que puedas entrar a un mercado que preferiblemente te puede pagar en dólares, por ejemplo, vendiendo a Estados Unidos.

Geekship te va a cobrar por hora que tome cada proyecto y en general es bueno probarlos para medir que tanto tardan haciendo ciertas tareas para tus proyectos como diginauta.

En algunos casos te darás cuenta que terminarán rápido, en otros tal vez será más lento el proceso, todo depende de sus especialidades, tú podrás ir valorando el servicio dependiendo de lo que necesites.

También tienes la opción de que sean tu brazo de servicio al cliente, es decir, podrás conectar líneas alternativas que sean respondidas por sus empleados y de esa manera contar con alguien disponible para contestar cualquier pregunta que pueda tener un cliente acerca de tus productos.

Envato Market

No importa si eres un profesional en diseño web, fotografía, producción musical o video, o simplemente acabas de empezar en este maravilloso mundo de la creatividad, porque en Envato Market podrás descargar desde simples fotografías o archivos de audio, hasta plantillas completas para crear una web, blog o tienda online.

Envato Market, ubicado actualmente en Australia y EEUU, es sin duda un gigante en lo que a ofertas de productos digitales se refiere, con esto queremos decir que vas a poder descargar, literalmente, cerca de 9 millones de archivos diferentes ordenados por categorías.

Esto evidentemente, sólo es posible gracias a una comunidad de colaboradores que colocan sus trabajos a disposición de los usuarios, Envato Market cuenta con casi 6 millones de miembros, repartidos entre los que nutren sus bases de datos con plantillas web, códigos listos para usar, fotografías, archivos de vídeo, audio y quienes descargan y hacen uso de estos archivos.

Como ya te habrás dado cuenta, todo lo que busques o necesites, podrás encontrarlo en Envato Market.

Themeforest.

En esta herramienta vas a poder encontrar todo tipo de plantillas para crear rápida y fácilmente cualquier tipo de web, blog o tienda online, en ella se ofrecen desde simples "Landing Pages" hasta recursos especialmente diseñados para WordPress, Joomla, Drupal, Prestasho y muchas otras más, no olvides elegir plantillas responsive si quieres que tu sitio web se vea genial en cualquier dispositivo móvil.

Codecanyon.

Si el código no es lo tuyo, no te preocupes, Codecanyon te ofrece todo tipo de archivos y scripts que podrás utilizar con múltiples finalidades: PHP, Javascript, HTML5, Bootstrap, CSS, Plugin, incluso códigos especialmente diseñados para iOS y Android, está verdaderamente increíble en cuanto a funciones y utilidad.

Videohive.

Si eres de los amantes del cine y producción de vídeo vas a disfrutar esta herramienta, gracias a que no sólo podrás descargar clips de vídeo de cualquier temática listos para usar, sino que también, podrás hacer uso de cientos de intros y plantillas, personalizarlas a tu gusto con tu logo o mensaje, haciéndolas propias.

Las vas a encontrar para todos los programas más conocidos de edición de vídeo tales como, Premiere, After Effects, Sony Vegas, Final Cut, Movie Maker, Avid, Motion Graphics, Apple Motion, Cinema 4D, entre otros.

Audiojungle.

Cualquier presentación, vídeo promocional, película o introducción, estarían vacíos y carentes de emoción sin su inseparable compañero de camino: el sonido, en este sitio vas a encontrar cualquier tipo de música, banda sonora, jingle, o efecto especial que estés buscando, ya que están cómodamente ordenados por temáticas y estilos.

Graphicriver.

Hacer ilustraciones geniales o infografías sorprendentes no está en el ingenio de todos, por eso, Graphicriver te ofrece esto y mucho más, es decir, una colección completa de gráficos y vectores ordenados por finalidad, para cualquier necesidad que tengas: impresión, elementos web, iconos, presentaciones, fuentes, logos, infografías, no necesitas ser un diseñador para utilizarla, solo conocimientos básicos de diseño y listo, tendrás el mundo de los gráficos en tus manos.

Photodune

Seguro que ya has adivinado qué vas a poder encontrar aquí y efectivamente son fotos. Un banco de imágenes increíbles, estamos hablando de imágenes tomadas por profesionales en todo tipo de situaciones y escenarios usando en la mayoría de los casos modelos y actores, esto se resume en fotografías de calidad y para que no te pierdas en este mar de píxeles, todo está ordenado por categorías y temáticas: animales, edificios, negocios, comida, salud, deportes, gente, tecnología, viajes y todo lo que puedas imaginar, lo más importante de todo esto, es que son de libre autoría, así puedes utilizarlas en tus proyectos sin ningún problema.

Shutterstock

Es un proveedor global líder de imágenes, videos y música con licencia de alta calidad, Shutterstock ayuda a inspirar a los diseñadores gráficos, directores creativos, editores de videos, realizadores de películas, desarrolladores web y otros profesionales creativos al proporcionar contenido diverso a empresas, agencias de marketing y organizaciones de medios en todo el mundo. Los creadores de contenido aportan sus trabajos para que los usuarios finales los compren y utilicen en una variedad de proyectos creativos personales y comerciales, es un mercado de dos lados que les da el poder a los narradores del mundo, la única diferencia es que es una herramienta de paga.

Wordpress

WordPress empezó en 2003 originalmente como una plataforma de blogging, pero con el tiempo ha ido evolucionando a un sistema de CMS (Content Management System) que funciona para crear prácticamente cualquier tipo de sitio Web.

Gracias a su flexibilidad y al hecho de que es un software de código abierto, se ha transformado en la herramienta más poderosa y fácil de utilizar para crear página o blog.

WordPress está disponible en su versión completa (WordPress.org) como un software descargable que se instala en un dominio con hospedaje propio. También está en una versión basada en la Web mucho más limitada (WordPress.com).

Los plugins son complementos (software) que aumentan las capacidades y posibilidades de WordPress hasta límites inimaginables. Los plugins se usan para mejorar WordPress en diferentes áreas como marketing, redes sociales, seguridad, SEO, diseño Web, contenido, tráfico Web, para hacer uso de ella, debes adentrarte un poco en el funcionamiento de la misma, la primera es mucho más compleja que la segunda la cual trae precargadas un sinfín de plantillas y modelos para tus blogs y webs.

BlueHost

BlueHost son conocidos por ser opciones de planes de alojamiento web compartido de bajo costo, VPS, dedicados y de revendedores, además ofrecen registros de dominios, fundado en 2003 y ubicado en una impresionante oficina de 50.000 pies cuadrados, el CEO, Matt Heaton, se mantuvo en su puesto por ocho años y supervisó gran parte del desarrollo, ambos en términos comerciales y la infraestructura técnica. Recientemente, ha entregado el trabajo superior a Dan Handy, el antiguo COO, para poder concentrarse en el desarrollo.

BlueHost es parte de una familia que también incluye a FastDomain y HostMonster, fundada en 2005 y 2006 respectivamente. El grupo de empresas han sido compradas por Endurance International Group con sede en Boston, MA.

Como una gran empresa, se enorgullece de un excelente soporte al cliente, por ejemplo, en su sitio web, cuentan con un sistema de llamada en espera de un tiempo menor a 30 segundos, una muy audaz afirmación.

BlueHost es una buena elección si desea obtener el 100% de las prestaciones de un equipo especializado.

Google Analytics

Google Analytics es una herramienta para analítica web, de la empresa Google, ofrece información agrupada del tráfico que llega a los sitios web según la audiencia, la adquisición, el comportamiento y las conversiones que se llevan a cabo en el sitio web, créenos que se tornará tu herramienta diaria como diginauta.

Se pueden obtener informes como el seguimiento de usuarios exclusivos, el rendimiento del segmento de usuarios, los resultados de las diferentes campañas de marketing online, las sesiones por fuentes de tráfico, tasas de rebote, duración de las sesiones, contenidos visitados, conversiones, esto específicamente para e-commerce, entre muchas otras funciones.

Este producto se desarrolló por Google basándose en la compra de Urchin que fue la mayor compañía de análisis estadístico de páginas web.

Google Adwords

AdWords es la plataforma de pago por clic de Google cuyos anuncios de texto aparecen tanto arriba como abajo de los resultados, genera aproximadamente el 20% de todos los clics en una búsqueda cualquiera y es un canal de adquisición de clientes usado por millones de empresas, tanto grandes como pequeñas, ofreciendo todo tipo de servicios y productos.

AdWords tiene un elemento central, las denominadas palabras clave o "keywords", a su vez cada una tiene un costo tabulado de acuerdo a parámetros de Google, el anunciante escoge las que definen de manera efectiva su anuncio, deberá pagar cuando un usuario las escribe al realizar una búsqueda en Google y hace clic en el anuncio, puede ser cualquier cosa, desde comprar zapatos, direcciones a un restaurante o un vídeo de La Macarena.

Los anunciantes crean listas de palabras que indican la posible compra de su producto o servicio y cuando un usuario escribe el término con la intención antes mencionada haciendo clic en el anuncio, el anunciante paga.

Facebook Ads

Es el sistema publicitario de Facebook, con el cual podrás promocionar páginas para empresas, tiendas online, eventos o aplicación y pagar solamente por los clics recibidos.

Facebook Ads funciona de forma similar a Google AdWords, primero se debe realizar la campaña, hacer los grupos de anuncios y por último crear los anuncios, pueden ser de texto, gráficos o de videos y podrán mostrarse tanto en la sección de noticias y columna de la derecha en ordenadores, como en la sección de noticias de los teléfonos móviles.

Brinda la posibilidad de segmentar muy detalladamente y ajustar tus anuncios al cliente ideal: cómo apuntar un anuncio de un Instituto de inglés, a chicos de entre 13 y 17 años, ubicados en Madrid y que sean fans de páginas de la competencia

Es muy económico gracias a que solo se paga por los clics obtenidos, de modo que si se realiza una segmentación adecuada y un anuncio atractivo, se mostrarán los anuncios a gente realmente interesada en ellos, sacando un beneficio aún mayor.

Slack

Si lo que quieres es estar organizado con un grupo de personas, Slack es la solución, este es un centro de colaboración que conecta a todos los miembros de un proyecto con tan solo unirse a un canal, funciona como un chat con un tema específico, junto con otros recursos humanos y técnicos, permite que puedas llevar a cabo tus proyectos de la manera más ordenada posible.

Un propietario crea un espacio de trabajo de Slack, nombra administradores para que le ayuden a gestionar el equipo y juntos invitan a los demás miembros y coordinan el uso de la plataforma.

Google Suite

G Suite, anteriormente conocido como Google Apps for Work, es un servicio de Google que proporciona varios productos de esta empresa con un nombre de dominio personalizado por el cliente.

Cuenta con varias aplicaciones web con funciones similares a las suites ofimáticas tradicionales, incluyendo Gmail, Hangouts, Calendar, Drive, Docs, Sheets, Slides, Groups, News, Play, Sites y Vault, fue la creación de Rajen Sheth, un empleado de Google que posteriormente desarrolló las Chromebooks.

G Suite es gratis por 30 días y luego cuesta $5 dólares por cuenta de usuario al mes, o $50 dólares por usuario al año, G Suite for Education y G Suite para organizaciones sin fines de lucro son gratuitas y ofrecen la misma cantidad de almacenamiento que las cuentas de G Suite.

Además de las apps compartidas que todos podemos usar con una cuenta de Gmail, Google ofrece G Suite Marketplace, una tienda de apps para los usuarios de G Suite, contiene diversas apps, tanto gratuitas como de pago, que pueden ser instaladas para personalizar la experiencia de G Suite para el usuario.

Paypal

PayPal es una empresa del sector del comercio electrónico, cuyo sistema permite a sus usuarios realizar pagos y transferencias a través de internet sin compartir la información financiera con el destinatario, con el único requerimiento de que estos dispongan de correo electrónico.

Es un sistema rápido y seguro para enviar y recibir dinero, lo que necesitas en tu nuevo estilo de vida, puesto que al principio tal vez será un poco complicado tener una cuenta bancaria en dólares, por lo que necesitas tan solo un correo electrónico para registrarte en esta plataforma.

El envío de dinero o pagos a través de Paypal es gratuito en algunos países, el destinatario puede ser cualquier persona o empresa, tenga o no una cuenta Paypal, que disponga de una dirección de correo electrónico.

Estas son algunas de las herramientas más comunes que vas a utilizar en tu vida como diginauta, obviamente hay muchas que no estamos mencionando que pueden servirte, pero hemos compartido el top que hemos ido generando de acuerdo a nuestra experiencia, ahora te toca a ti, solo necesitas sumergirte en este mundo digital y darle rienda suelta a tu creatividad.

EPÍLOGO

Detente. Aún no terminamos. ¡Es importante que leas esto!

Si hacemos un recuento, a lo largo de este libro, hemos revisado todas las facetas necesarias para que emprendas tu nuevo negocio en internet.

Nos enfocamos en las razones por las cuales elegir un estilo de vida diferente al que has estado acostumbrado, es la mejor opción para tu futuro.

Trabajamos para identificar tus miedos y nos dimos cuenta que al final del día, no había que temer a estas falsas programaciones que suelen causarnos más daño.

Después exploramos ejemplos de empresas digitales, al leer acerca de la historia de emprendedores exitosos y sus proyectos como Open English y Grooveshark. A través del libro te presenté a nuevos personajes que también han alcanzado el éxito utilizando el internet como herramienta principal.

Te echaste un clavado al principio de Pareto, mejor conocido como "La Regla del 80/20" y con eso en mente ahora sabes que tu enfoque debe dirigirse hacia el 20% de las causas que producen 80% de los resultados. Esta regla te servirá de ahora en adelante para medir tu tiempo y realmente identificar las actividades más importantes y producir el mayor porcentaje de resultados.

Después me conociste más a fondo, al leer la historia de como fui despidiendo a mi patrón y analizamos una metodología infalible para despedir al tuyo. Es cuestión de ponerla en práctica para que puedas reducir tu semana laboral en la oficina, trabajar más tiempo desde casa, decirle adiós a tu patrón y hola a tu emprendimiento.

Hablamos de cómo presupuestar tu estilo de vida y que es más rico quien trabaja menos y disfruta más de su tiempo libre, que aquella persona que vive atada a su empleo.

Detallamos la postergación desde el punto de vista de un emprendedor y te explique cómo combatirla.

Una vez resuelto el tema de la postergación, pusimos manos a la obra y analizamos la mejor manera de poner a prueba la venta de productos físicos y digitales mediante anuncios en redes sociales y en la red de búsqueda de Google.

Si alguna parte de este proceso sigue siendo confusa, te recomiendo que visites mi sitio web RafaCuadras.com o te pongas en contacto conmigo por medio de un comentario en mis videos de YouTube. Ahí podré responder a tus dudas inmediatamente y abordar cualquier obstáculo al que te enfrentes.

También te comparto algunos consejos más avanzados acerca de la optimización de tus páginas. Recuerda que el factor más importante a la hora de incrementar el número de ventas en tu tienda es la prueba constante de los elementos que incluyes dentro de la misma, como el color de los botones, las frases que usas para causar una urgencia en el cliente, el orden de las fotografías y los otros elementos que analizamos e influyen a la hora de mejorar tu porcentaje de conversión.

Una vez que hayas construido algo sólido, estarás recibiendo las utilidades de tu inversión.

En muy poco tiempo estarás invirtiendo $1 en publicidad y recibiendo por lo menos $2 de vuelta.

Tus productos se venderán en automático con muy poco trabajo de tu parte.

Cuando hayas llegado a este punto, (llegará más pronto de lo que piensas) tendrás que aprender a vivir bajo esta nueva modalidad.

Te hago mucho hincapié en esto, porque a mi me costó mucho trabajo decidir qué hacer con tanto tiempo libre. Al principio desperdicié mucho tiempo y energía en...

¡Adivinaste!

¡En no hacer nada!

Tenía una fuente de ingresos que virtualmente no paraba. Funcionaba 24/7 para mi y ya no era un requisito sentarme por 8 horas a trabajar como solía hacerlo en mi empleo.

Así que un día, sin mucho que hacer, fui a dar una vuelta en mi bicicleta en San Diego, California.

Al terminar de rodar, me encontré a un amigo de la primaria después de más de 10 años de no haberlo visto. Estaba sentado en su automóvil, en el mismo estacionamiento donde yo había dejado mi auto.

Cruzamos la mirada y rápidamente bajó de su auto para saludarme. Nos dimos un fuerte abrazo y platicamos por casi una hora acerca de nuestras experiencias desde la última vez que nos vimos.

El me comentó que trabajaba para un banco y que usualmente su semana laboral era de 60 horas, porque también trabajaba los fines de semana. Me comentó que estaba apunto de casarse, pero su futura esposa trabajaba en un despacho contable y también trabajaba día y noche.

Rara vez pasaban tiempo juntos y cuando se daba la oportunidad, era de manera apresurada, sin realmente disfrutarse como pareja.

Sus palabras me conmovieron.

Aquí estaba un amigo mío, con las mismas (o quizá más) capacidades cognitivas, misma procedencia, círculo social. edad y nivel de educación (ambos tenemos una licenciatura en Administración de Empresas y Marketing).

Pero él no contaba con el tiempo para disfrutar a la persona con quien iba a casarse. Cuando él deseaba con gran añoranza la oportunidad de pasar unas horas con su pareja, yo pasaba días con demasiado tiempo libre en mis manos.

"Me cayó el veinte" (así decimos en mi ciudad cuando llegas a la conclusión de algo, usualmente de manera inesperada) y puse manos a la obra.

Comencé a escribir el libro que tienes en tus manos.

Porque me di cuenta que no servía de nada todo esto que había aprendido, si no lo compartía con más personas, para que ellos también pudieran descubrir los beneficios que te brinda el despedir a tu patrón y emprender algo propio.

Ese es mi servicio a la humanidad. En esto paso mi tiempo libre. Hasta el día de hoy, ese ha sido el propósito de vida con el cual navego.

Y aunque ha sido una aventura llena de altas y bajas, he continuado ejecutando el mismo plan que se me ocurrió aquella tarde al escuchar a mi amigo quejarse de su vida.

Por eso era tan importante que leyeras esto.

Por el hecho de que ese momento también llegará para ti, en el cual tendrás más tiempo libre del que necesitas y habrá un punto en tu historia en el cual te preguntes,

"¿Y ahora qué?"

"¿Que hago con tanto tiempo libre?"

"Ya viajé por todo el mundo, ya conocí de todo ¿Ahora qué hago?"

En ese momento, espero que te caiga el mismo veinte que me cayó a mi y puedas compartir tus conocimientos.

Porque no hay mayor recompensa, que ver que tus palabras traen esperanza a los oídos que las necesitan.

Puedes causar una revolución en su mente.

El pastel es suficientemente grande para que a todos nos toque un pedazo. Espero inspirarte al compartir este bocado, del pastel que tengo en mi plato.

Te deseo todo el éxito del mundo.

RafaCuadras.com

www.ingramcontent.com/pod-product-compliance
Lightning Source LLC
Chambersburg PA
CBHW071726200326
41519CB00021BC/6592